U0155298

AI剪辑师^{手册}

剪映短视频制作从入门到精通

木 白◎编著

北京大学出版社

PEKING UNIVERSITY PRESS

内 容 提 要

本书内容分为两条线，一条是技能线，从剪映的 AI 功能入手，包括 AI 剪视频、AI 剪音频、AI 写文案、图生视频、快速成片等，帮助用户掌握智能剪辑技巧，提高效率。另一条是案例线，不仅讲解了多个技能案例，还安排了 6 个中大型案例，如 AI 制作商品图视频封面《商品宣传》、AI 剪同款和模板制作视频《AI 写真》、AI 文生图制作演示视频《认识景别》、AI 文生视频制作宣传视频《长沙美食》、AI 制作虚拟数字人视频《新闻播报》、AI 写文案制作口播视频《智慧人生》，提升用户的 AI 综合运用能力。

本书适合喜欢拍摄与剪辑短视频的人、视频制作专业人士、企业营销人员、自媒体创作者、短视频爱好者阅读，同时也可以作为视频剪辑相关专业的教材。

图书在版编目（CIP）数据

AI 剪辑师手册：剪映短视频制作从入门到精通 / 木白编著 . — 北京：北京大学出版社，2024. — ISBN 978-7-301-35189-5

Ⅰ . TN948.4-39

中国国家版本馆 CIP 数据核字第 2024YD3258 号

书　　　名	AI 剪辑师手册：剪映短视频制作从入门到精通
	AI JIANJISHI SHOUCE: JIANYING DUAN SHIPIN ZHIZUO CONG RUMEN DAO JINGTONG
著作责任者	木白　编著
责 任 编 辑	刘　云　刘羽昭
标 准 书 号	ISBN 978-7-301-35189-5
出 版 发 行	北京大学出版社
地　　　址	北京市海淀区成府路 205 号　100871
网　　　址	http://www.pup.cn　新浪微博：@ 北京大学出版社
电 子 邮 箱	编辑部 pup7@pup.cn　总编室 zpup@pup.cn
电　　　话	邮购部 010-62752015　发行部 010-62750672　编辑部 010-62570390
印 刷 者	北京宏伟双华印刷有限公司
经 销 者	新华书店
	787 毫米 ×1092 毫米　16 开本　13 印张　354 千字
	2024 年 7 月第 1 版　2024 年 7 月第 1 次印刷
印　　　数	1—4000 册
定　　　价	89.00 元

前　言

市场优势

目前，短视频已经成为全球火热的互联网内容形式之一。未来，随着 5G 网络的普及和短视频平台的不断完善，短视频的影响力与普及度也将持续扩大，内容形式与创作生态将更加多元化。

AI 技术已经成为短视频剪辑制作的一个法宝，越来越多的创作者开始尝试运用 AI 技术，创作更多独特的短视频。随着数字化和虚拟化技术的不断发展，虚拟直播和数字人的应用场景不断扩展，在工作中运用虚拟直播和数字人也是未来的必然趋势。

软件优势

随着 AI 技术的不断发展，剪映也迎来了革新，加入了 AI 抠图、AI 绘画、AI 特效和数字人制作技术。

剪映不仅有手机版，还有电脑版，剪映电脑版功能强大、丰富，操作起来比 Premiere、达芬奇、AE 等软件更为方便和快捷。目前，剪映大部分的 AI 工具在两个版本中是通用的。

现如今，我国要加快建设现代化产业体系，构建人工智能等一批新的增长引擎，加快发展数字经济，促进数字经济和实体经济深度融合，打造具有国际竞争力的数字产业集群。

在这股 AI 浪潮中，短视频从业人员只有学会更多的 AI 短视频制作技巧，才能不落伍，并争取不断创新，创作出更多让人喜闻乐见的短视频作品。

本书特色

本书是一本 AI 短视频剪辑教程，全书共分为 11 个章节，包含 AI 剪视频、AI 剪音频、AI 写文案、图生视频、快速成片等智能剪辑技巧，帮助读者快速成为 AI 短视频剪辑高手！本书特色如下。

● 案例全面、实用：本书结合丰富的实战案例，系统、全面地介绍了剪映 AI 短视频创作的相关方法和技巧，包括 AI 制作商品图视频封面《商品宣传》、AI 剪同款和模板制作视频《AI 写真》、AI 文生图制作演示视频《认识景别》、AI 文生视频制作宣传视频《长沙美食》、AI 制作虚拟数字人视频《新闻播报》、AI 写文案制作口播视频《智慧人生》，帮助读者将知识高效转化为技能。

● 双版本并行：本书不仅介绍了剪映手机版的 AI 工具，还介绍了剪映电脑版的 AI 工具，让读者通过一本书，学会两个版本的相应知识。

● 赠送海量资源：本书随书附赠 150 多分钟教学视频 + 200 多个素材、效果文件，还有 120 多页的 PPT 教学课件、绘画提示词、视频文案等资源。

温馨提示

（1）版本更新：本书编写时，是基于剪映电脑版 5.2.5 版、剪映手机版 12.5.0 版的各种 AI 工具和软件的功能及界面截取的实际操作图片，但随着剪映版本的不断更新，这些 AI 工具和软件的功能及界面可能会有变动，读者在阅读时，根据书中的思路举一反三进行学习即可。

（2）提示词的定义：提示词也称为关键字、关键词、描述词、输入词、代码等，部分用户也将其称为"咒语"。

（3）提示词的使用：在剪映中输入提示词应使用中文，因为剪映目前无法识别英文提示词。需要注意的是，各个提示词之间最好添加空格或逗号进行分隔。

（4）关于效果生成：即使输入相同的提示词，AI 每次生成的文案也会不同；即使输入相同的文案，AI 每次生成的图片和视频也会不同；即使输入相同的图片，AI 每次生成的图片和视频效果也会不同。

（5）关于会员功能：剪映中的大部分 AI 工具需要开通剪映会员才能无限次使用，部分 AI 工具有免费试用次数。读者可以根据使用需求选择是否开通会员。

素材获取

读者可以用微信扫描下方的二维码，关注官方微信公众号，输入本书 77 页的资源下载码，根据提示获取随书附赠资源的下载地址及密码。

创作团队

本书由木白编著，邓陆英参与编写，徐必文、黄建波、向小红、苏苏、燕羽、向秋萍等人提供视频素材和拍摄帮助，在此表示感谢。

由于作者知识水平有限，书中难免有错误和疏漏之处，恳请广大读者批评、指正。

目 录

第1章 AI剪视频：从0到1，剪映智能剪辑快速入门

1.1 AI剪辑入门功能 002
　1.1.1 智能转换视频比例：《惬意时刻》 002
　1.1.2 智能识别字幕：《浏阳烟花》 007
　1.1.3 智能抠像功能：《更换背景》 011
　1.1.4 智能补帧功能：《走路慢动作》 013
　1.1.5 智能调色功能：《粉色云霞》 017

1.2 AI剪辑进阶功能 020
　1.2.1 智能美妆功能：《快速化妆》 020
　1.2.2 智能识别歌词：《KTV字幕》 022
　1.2.3 智能修复视频：《卖萌女孩》 025
　1.2.4 智能打光功能：《温柔氛围》 028

课后实训：智能修复图片 029

第2章 AI剪音频：打造完美音效，让你的视频更动听

2.1 AI处理人声功能 032
　2.1.1 智能人声分离：《分离背景音》 032
　2.1.2 智能人声美化：《提升磁性》 033
　2.1.3 智能改变音色：《魔法变声》 035
　2.1.4 智能剪口播视频：《产品介绍》 037

2.2 AI处理音频功能 039
　2.2.1 智能匹配场景音：《回音效果》 039
　2.2.2 智能文本朗读：《心灵鸡汤》 041
　2.2.3 智能声音成曲：《女声说唱》 044

课后实训：制作纪录片解说声音效果 048

第3章 AI写文案：创意无限，写出吸引人的视频脚本

3.1 AI生成脚本文案 051
　3.1.1 智能包装文案：《最美城市》 051
　3.1.2 智能文案推荐：《限时落日》 053
　3.1.3 智能写讲解文案：《晚霞拍摄技巧》 055
　3.1.4 智能写营销文案：《动物园广告》 060

3.2 使用图文成片写文案 064
　3.2.1 智能获取链接中的文案：《摆姿大全》 065
　3.2.2 智能写美食教程文案：
　　　　《蛋炒饭制作方法》 068

课后实训：智能写情感关系文案 070

第4章 图生视频：让图片动起来，充分展示你的创意

4.1 使用图片玩法制作动态视频 073
　4.1.1 制作魔法换天视频：《超级月亮》 073
　4.1.2 制作时空穿越视频：《无限穿梭》 075
　4.1.3 制作3D运镜视频：《立体人像》 077
　4.1.4 制作万物分割视频：《动感拼合》 079

4.2 使用其他功能让图片动起来 081
　4.2.1 剪同款制作视频：《美味时刻》 081
　4.2.2 一键成片制作视频：《幸福新娘》 083
　4.2.3 套用模板制作视频：《古风立体相册》 085

课后实训：制作摇摆运镜动态视频 088

第5章 快速成片：一键成片与图文成片，轻松制作视频

5.1 使用一键成片功能生成视频 091
　5.1.1 选择模板生成视频：《率性女孩》 091
　5.1.2 输入提示词生成视频：《城市旅行Vlog》 092
　5.1.3 编辑成片视频草稿：《夏日心情》 093

5.2 使用图文成片功能生成视频 096
　5.2.1 智能匹配素材：《如何保持好睡眠》 096
　5.2.2 使用本地素材：《狸花猫》 101
　5.2.3 智能匹配表情包：《冷笑话》 105

课后实训：一键成片制作结婚纪念写真视频 111

第6章 AI制作商品图视频封面：《商品宣传》

6.1 制作商品图 114
　6.1.1 添加原始商品图素材 114
　6.1.2 选择商品图样式 115

6.1.3 更改尺寸和添加商品名称 116

6.2 为视频添加商品图封面 118

6.2.1 用剪映手机版添加视频封面 118

6.2.2 用剪映电脑版添加视频封面 120

课后实训：制作饮料商品图 121

第7章 AI剪同款和模板制作视频：
         《AI写真》

7.1 制作簪花少女写真视频 125

7.1.1 用剪映手机版剪同款功能合成视频 125

7.1.2 用剪映手机版智能创作写真图片 127

7.1.3 用剪映电脑版模板功能制作视频 129

7.2 制作AI写真集视频 132

7.2.1 用剪映手机版剪同款功能生成视频 132

7.2.2 用剪映电脑版模板功能生成视频 134

课后实训：剪同款制作AI扩图视频 135

第8章 AI文生图制作演示视频：
         《认识景别》

8.1 使用剪映手机版制作演示视频 138

8.1.1 在剪映手机版中生成视频文案 138

8.1.2 在剪映手机版中进行AI作图 139

8.1.3 在剪映手机版中剪辑演示视频 143

8.2 使用剪映电脑版制作演示视频 146

8.2.1 在剪映电脑版中导入图片素材 147

8.2.2 在剪映电脑版中制作视频字幕 147

8.2.3 在剪映电脑版中编辑演示视频 149

课后实训：使用AI作图功能生成摄影照片 151

第9章 AI文生视频制作宣传视频：
         《长沙美食》

9.1 使用剪映手机版制作宣传视频 154

9.1.1 在剪映手机版中生成文案 154

9.1.2 在剪映手机版中生成视频 156

9.1.3 在剪映手机版中编辑视频 156

9.2 使用剪映电脑版制作宣传视频 160

9.2.1 在剪映电脑版中生成文案 160

9.2.2 在剪映电脑版中生成视频 161

9.2.3 在剪映电脑版中编辑视频 162

课后实训：输入提示词写营销广告文案 166

第10章 AI制作虚拟数字人视频：
          《新闻播报》

10.1 使用剪映手机版制作数字人视频 169

10.1.1 在剪映手机版中生成新闻文案 169

10.1.2 在剪映手机版中生成数字人视频 170

10.1.3 在剪映手机版中编辑数字人视频 172

10.2 使用剪映电脑版制作数字人视频 173

10.2.1 在剪映电脑版中添加新闻背景素材 174

10.2.2 在剪映电脑版中生成数字人视频 174

10.2.3 在剪映电脑版中编辑数字人视频 175

课后实训：制作竖版数字人科普视频 178

第11章 AI写文案制作口播视频：
          《智慧人生》

11.1 使用剪映手机版制作口播视频 183

11.1.1 使用智能文案功能写口播文案 183

11.1.2 在剪映手机版中添加片头背景、
        音乐和转场 185

11.1.3 为口播视频制作水墨风片头 188

11.1.4 为口播视频添加字幕 191

11.2 使用剪映电脑版制作口播视频 193

11.2.1 使用图文成片功能写口播文案 193

11.2.2 在剪映电脑版中添加片头背景、
        音乐和转场 194

11.2.3 添加文字、贴纸和特效制作片头 197

11.2.4 使用文稿匹配功能添加字幕 200

课后实训：输入提示词写鸡汤文案 201

第 1 章　AI 剪视频：从 0 到 1，剪映智能剪辑快速入门

随着剪映版本的更新，带来了更多的 AI 剪辑功能，这些功能可以帮助用户提升剪辑效率，节省剪辑时间。本章将介绍如何使用剪映中的 AI 功能剪辑视频，包括智能抠像功能、智能补帧功能、智能调色功能、智能识别歌词功能等。

1.1 AI剪辑入门功能

剪映中的 AI 剪辑功能可以帮助我们快速剪辑视频，用户只需稍等片刻，就可以制作出理想的画面效果。本节主要介绍 AI 剪辑入门功能，帮助大家打好剪辑基础。

1.1.1 智能转换视频比例：《惬意时刻》

效果对比 智能转比例功能可以转换视频的比例，快速实现横竖屏转换，同时保持人物主体在最佳位置，自动追踪主体。在剪映中可以将横版视频转换为竖版视频，使视频更适合在手机中播放和观看，还能裁去多余的画面，效果对比如图 1-1 所示。

图 1-1

1．用剪映手机版制作

剪映手机版的操作方法如下。

步骤 01 在手机中打开应用商店 App，❶在搜索栏中输入并搜索"剪映"；❷在搜索结果中点击剪映右侧的"安装"按钮，如图 1-2 所示。

步骤 02 下载并安装成功之后，在界面中点击"打开"按钮，如图 1-3 所示。

步骤 03 进入剪映手机版，点击"抖音登录"按钮，如图 1-4 所示，登录抖音账号。

步骤 04 进入剪辑界面，点击"开始创作"按钮，如图 1-5 所示。

步骤 05 ❶在"视频"选项卡中选择视频素材；❷选中"高清"复选框；❸点击"添加"按钮，如图 1-6 所示，添加视频素材。

步骤 06 ❶在编辑界面中选择视频素材；❷点击"智能转比例"按钮，如图 1-7 所示。

图 1-2

图 1-3

图 1-4

图 1-5

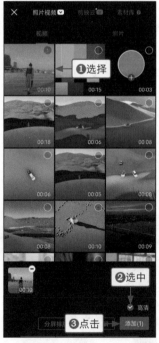

图 1-6

图 1-7

步骤 07 弹出相应的面板，选择"9：16"选项，把横屏转换为竖屏，如图 1-8 所示。

步骤 08 设置"镜头稳定度"为"稳定"，如图 1-9 所示，稳定画面。

步骤 09 ❶设置"镜头位移速度"为"更慢"；❷点击✔️按钮，如图 1-10 所示，确认操作。

图 1-8

图 1-9

图 1-10

步骤 10 为了去除画面黑边，在编辑界面中点击"比例"按钮，如图 1-11 所示。

步骤 11 弹出相应的面板，❶选择"9：16"选项，去除画面左右两侧的黑边；❷点击右上角的"导出"按钮，如图 1-12 所示。

步骤 12 进入相应的界面，显示导出进度，如图 1-13 所示。

图 1-11

图 1-12

图 1-13

步骤 13 若要分享视频到抖音平台，导出成功之后，点击"抖音"按钮，如图 1-14 所示。

步骤 14 自动跳转至抖音手机版，在弹出的界面中点击"下一步"按钮，如图 1-15 所示。

步骤 15 用户可以编辑相应的内容，如图 1-16 所示，点击"发布"按钮即可发布视频。

图 1-14   图 1-15   图 1-16

2. 用剪映电脑版制作

剪映电脑版的操作方法如下。

步骤 01 在浏览器中打开剪映官网，在页面中单击"立即下载"按钮，如图 1-17 所示。

图 1-17

步骤 02 弹出"新建下载任务"对话框，单击"直接打开"按钮，如图 1-18 所示。

步骤 03 下载并安装成功之后，进入剪映电脑版首页，单击"智能转比例"按钮，如图 1-19 所示。

图 1-18
图 1-19

步骤 04 弹出"智能转比例"面板,单击"导入视频"按钮,如图 1-20 所示。

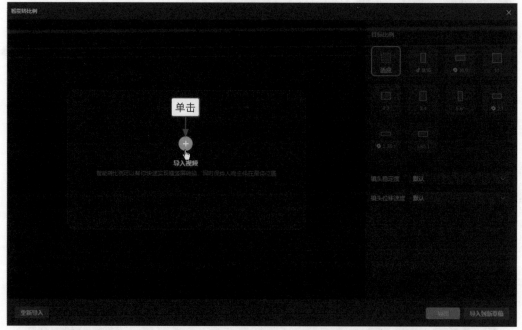

图 1-20

步骤 05 弹出"打开"对话框,❶在相应的文件夹中选择视频素材;❷单击"打开"按钮,如图 1-21 所示,导入视频素材。

步骤 06 进入"智能转比例"面板,❶选择"9∶16"选项,把横屏转换为竖屏;❷设置"镜头稳定度"为"稳定",如图 1-22 所示。

步骤 07 ❶设置"镜头位移速度"为"更慢";❷单击"导出"按钮,如图 1-23 所示。

步骤 08 弹出"另存为"对话框,❶选择相应的文件夹;❷输入文件名;❸单击"保存"按钮,如图 1-24 所示,即可把成品视频导出至相应的文件夹中。

在剪映中,智能转比例功能需要开通剪映会员才能使用,一些其他智能功能也需要开通剪映会员才能使用,用户可以根据需要选择是否开通会员。

图 1-21

图 1-22

图 1-23

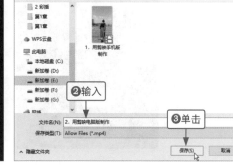

图 1-24

1.1.2　智能识别字幕:《浏阳烟花》

效果展示 运用识别字幕功能识别出来的字幕, 会自动生成在视频画面的下方。剪映还支持识别双语字幕和智能划重点功能, 但是识别双语字幕功能需要开通会员才能使用, 用户可以根据需要进行选择, 效果展示如图 1-25 所示。

图 1-25

1. 用剪映手机版制作

剪映手机版的操作方法如下。

步骤 01 在剪映手机版中导入视频素材，点击"文字"按钮，如图 1-26 所示。

步骤 02 在弹出的二级工具栏中，点击"识别字幕"按钮，如图 1-27 所示。

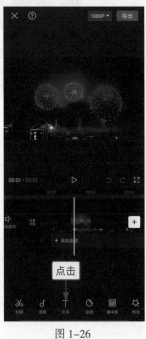

图 1-26

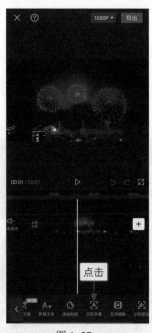

图 1-27

步骤 03 弹出"识别字幕"面板，❶关闭"智能划重点"功能；❷点击"开始匹配"按钮，如图 1-28 所示。

步骤 04 识别出字幕之后，点击"批量编辑"按钮，如图 1-29 所示。

图 1-28

图 1-29

步骤 05 弹出相应的面板，❶选择第 2 段字幕，并给字幕添加标点，进行断句；❷点击"Aa"按钮，如图 1-30 所示。

步骤 06 ❶切换至"文字模板"→"字幕"选项卡；❷选择一款文字模板，如图 1-31 所示。

步骤 07 同理，为第 1 段字幕选择同样的文字模板，如图 1-32 所示。

| 图 1-30 | 图 1-31 | 图 1-32 |

2．用剪映电脑版制作

剪映电脑版的操作方法如下。

步骤 01 打开剪映电脑版，在首页单击"开始创作"按钮，如图 1-33 所示。

步骤 02 进入"媒体"功能区，在"本地"选项卡中单击"导入"按钮，如图 1-34 所示。

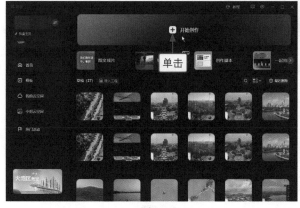

| 图 1-33 | 图 1-34 |

步骤 03 弹出"请选择媒体资源"对话框，❶在相应的文件夹中选择视频素材；❷单击"打开"按钮，如图 1-35 所示，导入视频素材。

步骤 04 单击视频素材右下角的"添加到轨道"按钮，如图 1-36 所示，把视频素材添加到视频轨道中。

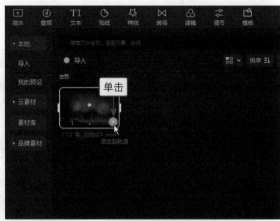

图 1-35　　　　　　　　　　　　　　　图 1-36

步骤 05 ❶单击"文本"按钮，进入"文本"功能区；❷切换至"智能字幕"选项卡；❸单击"识别字幕"选项区中的"开始识别"按钮，如图 1-37 所示，稍等片刻，即可识别字幕，生成字幕轨道。

步骤 06 ❶切换至"文字模板"→"字幕"选项卡；❷单击所选文字模板右下角的"添加到轨道"按钮，如图 1-38 所示，添加文字模板。

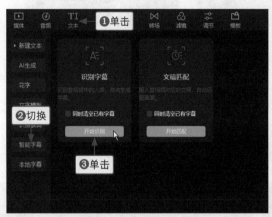

图 1-37　　　　　　　　　　　　　　　图 1-38

步骤 07 同理，添加两段同样的文字模板，并分别调整时长和轨道位置，使其对齐两段识别字幕的时长，如图 1-39 所示。

步骤 08 复制第 1 段识别字幕的内容，选择第 1 段文字模板，在"文本"操作区中，❶粘贴内容；❷调整文字的位置，如图 1-40 所示。

步骤 09 复制第 2 段识别字幕的内容，选择第 2 段文字模板，在"文本"操作区中，❶粘贴内容；❷调整文字的位置，如图 1-41 所示。

步骤 10 ❶按住【Ctrl】键并选中两段识别字幕；❷单击"删除"按钮，如图 1-42 所示。

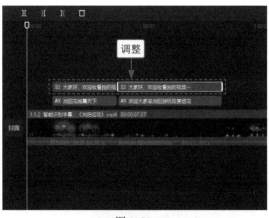

图 1-39

图 1-40

图 1-41

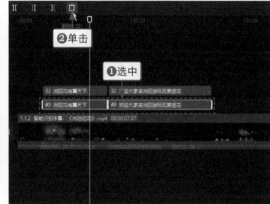

图 1-42

在添加文字模板的时候，用户需要更改文字模板中的默认内容。

1.1.3　智能抠像功能：《更换背景》

效果展示　使用智能抠像功能可以把视频中的人物抠出来，还可以更换视频背景，让人物处于不同的场景中，效果展示如图 1-43 所示。

图 1-43

1. 用剪映手机版制作

剪映手机版的操作方法如下。

步骤 01 ❶在剪映手机版中依次选择人物视频素材和背景视频素材；❷选中"高清"复选框；❸点击"添加"按钮，如图 1-44 所示，添加两段视频素材。

步骤 02 ❶选择人物视频素材；❷点击"切画中画"按钮，如图 1-45 所示。

图 1-44

图 1-45

步骤 03 把人物视频素材切换至画中画轨道中，点击"抠像"按钮，如图 1-46 所示。

步骤 04 在弹出的二级工具栏中点击"智能抠像"按钮，把人物抠出来，更换背景，如图 1-47 所示。

图 1-46

图 1-47

2．用剪映电脑版制作

剪映电脑版的操作方法如下。

步骤 01　在"本地"选项卡中导入人物视频素材和背景视频素材，单击背景视频素材右下角的"添加到轨道"按钮，如图 1-48 所示，把背景视频素材添加到视频轨道中。

步骤 02　把人物视频素材拖曳至画中画轨道中，如图 1-49 所示。

图 1-48

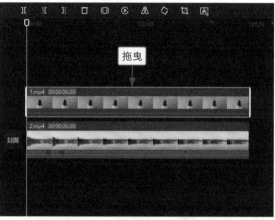

图 1-49

步骤 03　在"画面"功能区中，❶切换至"抠像"选项卡；❷选中"智能抠像"复选框，稍等片刻，即可把人物抠出来，更换背景，如图 1-50 所示。

图 1-50

1.1.4　智能补帧功能：《走路慢动作》

效果展示　在一些唯美的视频中，经常会使用慢动作效果，营造氛围感。在制作慢动作效果的时候，会用到智能补帧功能，这个功能可以让慢速画面变得流畅，效果展示如图 1-51 所示。

图 1-51

1. 用剪映手机版制作

剪映手机版的操作方法如下。

步骤 01 在剪映手机版中导入视频素材，❶选择视频素材；❷点击"变速"按钮，如图 1-52 所示。

步骤 02 在弹出的二级工具栏中点击"常规变速"按钮，如图 1-53 所示。

步骤 03 进入"变速"面板，❶设置"变速"参数为 0.2x；❷选中"智能补帧"复选框；❸点击 ✔ 按钮，如图 1-54 所示，稍等片刻，即可制作慢动作效果。

图 1-52　　　　　　　　　图 1-53　　　　　　　　　图 1-54

步骤 04 在一级工具栏中点击"音频"按钮，如图 1-55 所示。

步骤 05 在弹出的二级工具栏中点击"音乐"按钮，如图 1-56 所示。

步骤 06 进入"音乐"界面，选择"抖音"选项，如图 1-57 所示。

图 1-55　　　　　　　　　　　图 1-56　　　　　　　　　　　图 1-57

步骤 07　进入"抖音"界面，点击所选音乐右侧的"使用"按钮，如图 1-58 所示，添加音频素材。

步骤 08　❶在视频素材的末尾位置选择音频素材；❷点击"分割"按钮，分割音频素材，如图 1-59 所示。

步骤 09　❶默认选择分割后的第 2 段音频素材；❷点击"删除"按钮，如图 1-60 所示，删除多余的音频素材。

图 1-58　　　　　　　　　　　图 1-59　　　　　　　　　　　图 1-60

2．用剪映电脑版制作

剪映电脑版的操作方法如下。

步骤 01 在"本地"选项卡中导入视频素材，单击视频素材右下角的"添加到轨道"按钮 ■，如图 1-61 所示。

步骤 02 把视频素材添加到视频轨道中，如图 1-62 所示。

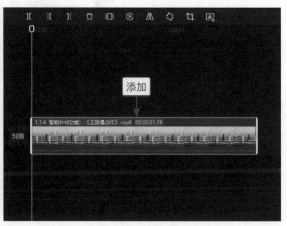

图 1-61 图 1-62

步骤 03 ❶单击"变速"按钮，进入"变速"操作区；❷在"常规变速"选项卡中设置"倍数"参数为 0.2x；❸选中"智能补帧"复选框，稍等片刻，即可制作慢动作效果，如图 1-63 所示。

图 1-63

步骤 04 ❶单击"音频"按钮，进入"音频"功能区；❷切换至"抖音"选项卡；❸单击所选音乐右下角的"添加到轨道"按钮 ■，如图 1-64 所示，添加音频素材。

步骤 05　❶选择音频素材；❷在视频素材的末尾位置单击"向右裁剪"按钮，如图 1-65 所示，把多余的音频素材裁剪并删除。

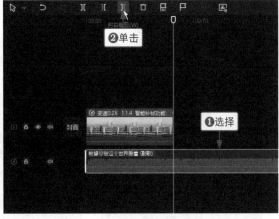

图 1-64　　　　　　　　　　　　　　　　图 1-65

1.1.5　智能调色功能：《粉色云霞》

效果对比　如果视频画面过曝或欠曝，色彩不够鲜艳，就可以使用智能调色功能，为画面进行自动调色，还可以通过调整相应的参数，让视频画面更靓丽，效果对比如图 1-66 所示。

图 1-66

1. 用剪映手机版制作

剪映手机版的操作方法如下。

步骤 01　在剪映手机版中导入视频素材，❶选择视频素材；❷点击"调节"按钮，如图 1-67 所示。

步骤 02　进入"调节"选项卡，选择"智能调色"选项，进行快速调色，优化视频画面，如图 1-68 所示。

步骤 03　继续调整视频画面，设置"饱和度"参数为 15，让画面色彩变得更加鲜艳，如图 1-69 所示。

步骤 04　设置"光感"参数为 6，增加画面曝光，如图 1-70 所示。

步骤 05　设置"色温"参数为 15，让画面偏暖色，如图 1-71 所示。

步骤 06　设置"色调"参数为 15，让画面偏紫调，使云霞更好看，如图 1-72 所示。

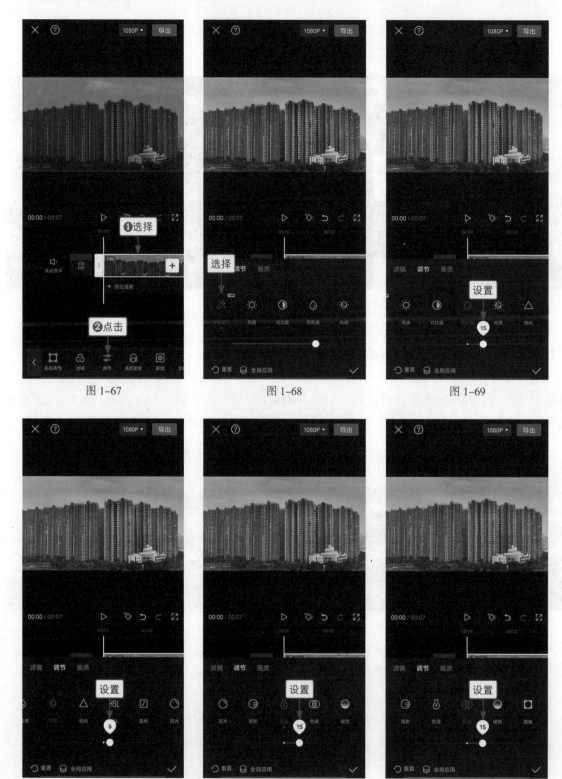

图 1-67　　　　　　　图 1-68　　　　　　　图 1-69

图 1-70　　　　　　　图 1-71　　　　　　　图 1-72

 用户在调色时，最好根据画面需要进行精准调色。

2．用剪映电脑版制作

剪映电脑版的操作方法如下。

步骤 01 在"本地"选项卡中导入视频素材，单击视频素材右下角的"添加到轨道"按钮，如图 1-73 所示。

步骤 02 把视频素材添加到视频轨道中，如图 1-74 所示。

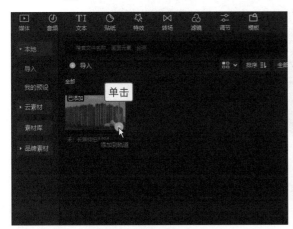 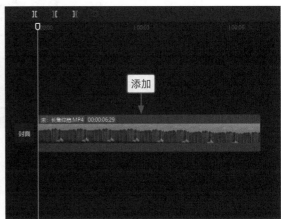

图 1-73   图 1-74

步骤 03 选择视频素材，❶单击"调节"按钮，进入"调节"操作区；❷选中"智能调色"复选框，进行智能调色，如图 1-75 所示。

图 1-75

步骤 04 继续调整视频画面，设置"色温"参数为 15、"色调"参数为 15、"饱和度"参数为 15、"光感"参数为 6，让画面偏紫调、暖色一些，同时让画面更鲜艳、明亮，如图 1-76 所示。

在进行智能调色时，用户还可以设置"强度"参数，调整调色程度。

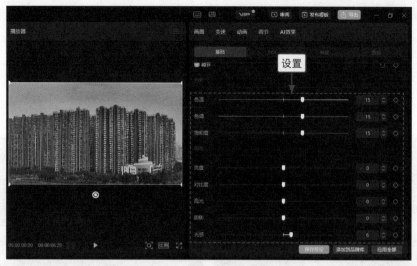

图 1-76

1.2 AI剪辑进阶功能

为了让大家学会更多 AI 剪辑功能，本节将详细介绍智能美妆、智能识别歌词、智能打光等 AI 剪辑进阶功能的用法。

1.2.1 智能美妆功能:《快速化妆》

效果对比 智能美妆是一款美颜功能，使用该功能可以快速为人物化妆，美化面容，效果对比如图 1-77 所示。

图 1-77

1. 用剪映手机版制作

剪映手机版的操作方法如下。

步骤 01　在剪映手机版中导入视频素材，❶选择视频素材；
❷点击"美颜美体"按钮，如图 1-78 所示。

步骤 02　在弹出的二级工具栏中点击"美颜"按钮，如
图 1-79 所示。

步骤 03　❶切换至"美妆"选项卡；❷选择"腮红大法"
选项，为人物快速化妆，如图 1-80 所示。

步骤 04　继续美化面容，❶切换至"美颜"选项卡；❷选
择"美白"选项；❸设置参数为 64，让人物皮肤
变白一些，如图 1-81 所示。

图 1-78

图 1-79

图 1-80

图 1-81

2. 用剪映电脑版制作

剪映电脑版的操作方法如下。

步骤 01　在剪映电脑版中导入视频素材，把视频素材添加到视频轨道中，选择视频素材，在"画
面"操作区中，❶切换至"美颜美体"选项卡；❷选中"美妆"复选框；❸选择"腮红
大法"选项，为人物快速化妆，如图 1-82 所示。

图 1-82

步骤 02 继续美化面容，❶选中"美颜"复选框；❷设置"美白"参数为 64，让人物皮肤变白一些，如图 1-83 所示。

图 1-83

1.2.2 智能识别歌词：《KTV 字幕》

效果展示 如果视频中有音质清晰的中文歌曲，可以使用识别歌词功能，快速识别出歌词并生成字幕，省去手动添加歌词字幕的操作，效果展示如图 1-84 所示。

图 1-84

1. 用剪映手机版制作

剪映手机版的操作方法如下。

步骤 01 在剪映手机版中导入视频素材，点击"文字"按钮，如图 1-85 所示。

步骤 02 在弹出的二级工具栏中，点击"识别歌词"按钮，如图 1-86 所示。

步骤 03 弹出"识别歌词"面板，点击"开始匹配"按钮，如图 1-87 所示。

步骤 04 识别出歌词并生成字幕之后，点击"批量编辑"按钮，如图 1-88 所示。

步骤 05 弹出相应的面板，❶选择第 3 段字幕，修正错误的歌词；❷点击"Aa"按钮，如图 1-89 所示。

步骤 06 ❶切换至"字体"→"热门"选项卡；❷选择合适的字体，如图 1-90 所示。

步骤 07 制作 KTV 字幕效果，❶切换至"动画"选项卡；❷选择"卡拉 OK"入场动画；❸选择天蓝色色块，更改字幕的颜色，如图 1-91 所示。

图 1-85

图 1-86

图 1-87

图 1-88

| 图 1-89 | 图 1-90 | 图 1-91 |

2. 用剪映电脑版制作

剪映电脑版的操作方法如下。

步骤 01 打开剪映电脑版，在"本地"选项卡中导入视频素材，单击视频素材右下角的"添加到轨道"按钮，如图 1-92 所示，把视频素材添加到视频轨道中。

步骤 02 ❶单击"文本"按钮，进入"文本"功能区；❷切换至"识别歌词"选项卡；❸单击"开始识别"按钮，如图 1-93 所示。

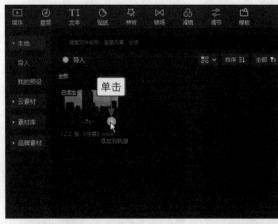

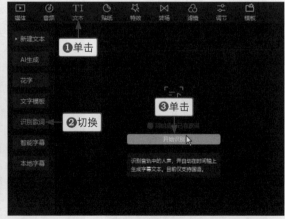

| 图 1-92 | 图 1-93 |

步骤 03 识别出歌词并生成字幕之后，检查歌词中是否存在错别字，若有则对歌词进行修正。选择第 3 段字幕，设置字体，如图 1-94 所示。

图 1-94

步骤 04 制作 KTV 字幕效果，❶单击"动画"按钮，进入"动画"操作区；❷选择"卡拉 OK"入
场动画；❸设置"动画时长"参数为最大，如图 1-95 所示。对其他字幕设置同样的入场
动画，并设置"动画时长"参数为最大。

图 1-95

1.2.3 智能修复视频：《卖萌女孩》

效果对比 如果视频画面不够清晰，可以使用剪映中的超清画质功能，修复视频画质，让视频画面
变得更加清晰，效果对比如图 1-96 所示。

图 1-96

1. 用剪映手机版制作

剪映手机版的操作方法如下。

步骤 01 打开剪映手机版，进入"剪辑"界面，点击"展开"按钮，展开功能面板，点击"超清画质"按钮，如图 1-97 所示。

步骤 02 进入"照片视频"界面，选择视频素材，如图 1-98 所示。

图 1-97

图 1-98

步骤 03　进入相应的界面，弹出超清画质处理进度提示，如图 1-99 所示。

步骤 04　稍等片刻，即可完成让视频画面变清晰的处理，点击"导出"按钮，如图 1-100 所示，导出处理好的视频。

图 1-99

图 1-100

2．用剪映电脑版制作

剪映电脑版的操作方法如下。

在剪映电脑版中导入视频素材并添加到视频轨道中，在"画面"操作区中，❶选中"超清画质"复选框；❷选择"超清"选项，稍等片刻，即可得到清晰的视频画面，如图 1-101 所示。

图 1-101

1.2.4 智能打光功能:《温柔氛围》

效果对比 如果拍摄时缺少打光,可以在剪映中使用智能打光功能,为画面增加光源。目前,智能打光功能仅可在剪映电脑版中使用,有多种光源和类型可选,效果对比如图 1-102 所示。

图 1-102

剪映电脑版的操作方法如下。

步骤 01 在剪映电脑版中,把视频素材添加到视频轨道中,选择视频素材,在"画面"操作区中,❶选中"智能打光"复选框;❷选择"温柔面光"选项;❸拖曳打光圆环至人物的脸部,如图 1-103 所示,稍等片刻,即可为人物打光。

图 1-103

步骤 02 美化人物的面容,❶切换至"美颜美体"选项卡;❷选中"美颜"复选框;❸设置"美白"参数为 100,让人物皮肤变白一些,如图 1-104 所示。

步骤 03 ❶单击"调节"按钮,进入"调节"操作区;❷选中"智能调色"复选框,快速为视频调色,让视频画面变得更加通透,如图 1-105 所示。

图 1-104

图 1-105

 智能打光中除了基础面光，还有氛围彩光和创意光效，也可以调整相应的参数。

课后实训：**智能修复图片**

效果对比　在剪映中除了可以修复视频的画质，还可以修复图片的画质，让图片变得更清晰，目前，该功能仅可在剪映手机版中使用，效果对比如图 1-106 所示。

图 1-106

智能修复图片的操作方法如下。

步骤 01 打开剪映手机版，进入"剪辑"界面，点击"超清图片"按钮，如图 1-107 所示。

步骤 02 在"照片视频"界面中选择一张图片，点击"编辑"按钮，修复图片画质，❶点击"画质提升"按钮，继续提升画质；❷点击"调节"按钮，如图 1-108 所示。

步骤 03 弹出"调节"面板，❶设置"饱和度"参数为 34，优化图片的色彩；❷点击 ✔ 按钮，如图 1-109 所示，点击"导出"按钮，导出图片。

图 1-107

图 1-108

图 1-109

第 2 章　AI 剪音频：打造完美音效，让你的视频更动听

一段成功的视频离不开音频的配合，音频可以增加视频的真实感、塑造人物形象和渲染场景氛围。在剪映中，除了可以添加音频，还可以对声音进行智能处理，如进行人声和背景音分离、美化人声、改变音色、智能剪口播、声音成曲等。

2.1　AI处理人声功能

剪映中的 AI 功能可以智能处理视频中的音频，提升制作视频的效率。本节将介绍 AI 处理人声的技巧。

2.1.1　智能人声分离：《分离背景音》

效果展示　如果视频中的音频同时有人声和背景音，我们可以使用人声分离功能，仅保留人声或背景音，视频效果展示如图 2-1 所示。

图 2-1

1. 用剪映手机版制作

剪映手机版的操作方法如下。

步骤 01　在剪映手机版中导入视频素材，❶选择视频素材；❷点击"人声分离"按钮，如图 2-2 所示。

步骤 02　弹出"人声分离"面板，❶选择"仅保留人声"选项；❷点击☑按钮，把音频中的背景音进行分离、删除，如图 2-3 所示。

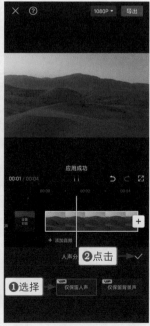

图 2-2　　　　　　　　图 2-3

2．用剪映电脑版制作

剪映电脑版的操作方法如下。

步骤 01　打开剪映电脑版，在"本地"选项卡中导入视频素材，单击视频素材右下角的"添加到轨道"按钮　，如图 2-4 所示。

步骤 02　把视频素材添加到视频轨道中，如图 2-5 所示。

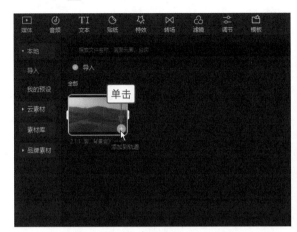

图 2-4

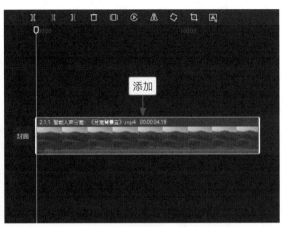

图 2-5

步骤 03　❶单击"音频"按钮，进入"音频"操作区；❷选中"人声分离"复选框；❸选择"仅保留人声"选项，把音频中的背景音进行分离、删除，如图 2-6 所示。

图 2-6

2.1.2　智能人声美化：《提升磁性》

效果展示　在剪映中，可以对视频中的人声进行美化处理。本案例演示如何让人声变得更有磁性，视频效果展示如图 2-7 所示。

图 2-7

1．用剪映手机版制作

剪映手机版的操作方法如下。

步骤 01 在剪映手机版中导入视频素材，❶选择视频素材；❷点击"人声美化"按钮，如图 2-8 所示。

步骤 02 进入"人声美化"面板，❶开启"人声美化"功能；❷选择"磁性"选项；❸点击✓按 钮，让人声变得有磁性，如图 2-9 所示。

图 2-8

图 2-9

2．用剪映电脑版制作

剪映电脑版的操作方法如下。

打开剪映电脑版，在"本地"选项卡中导入视频素材并添加到视频轨道中，❶单击"音频"按钮，进 入"音频"操作区；❷选中"人声美化"复选框，稍等片刻，即可美化视频中的人声，如图 2-10 所示。

图 2-10

目前，剪映电脑版的人声美化功能没有"圆润"和"磁性"选项，仅可以默认模式美化人声。

2.1.3 智能改变音色：《魔法变声》

效果展示 如果用户对于视频中人声的音色不是很满意，可以使用 AI 功能改变视频中人声的音色，实现"魔法变声"。本案例演示如何将男生的声音变成女生的声音，视频效果展示如图 2-11 所示。

图 2-11

1. 用剪映手机版制作

剪映手机版的操作方法如下。

步骤 01 在剪映手机版中导入视频素材，❶选择视频素材；❷点击"声音效果"按钮，如图 2-12 所示。

步骤 02 ❶在"音色"选项卡中选择"顾姐"选项；❷点击 ✓ 按钮，如图 2-13 所示，把男生的声音变成女生的声音。

图 2-12   图 2-13

2．用剪映电脑版制作

剪映电脑版的操作方法如下。

打开剪映电脑版，导入视频素材并添加到视频轨道中，❶单击"音频"按钮，进入"音频"操作区；❷切换至"声音效果"→"音色"选项卡；❸选择"顾姐"选项，如图 2-14 所示，把男生的声音变成女生的声音。

图 2-14

2.1.4　智能剪口播视频：《产品介绍》

效果展示　剪映中的智能剪口播功能可以快速提取口播视频中的停顿、重复和语气词，用户可以使用该功能批量、快速删除多余片段，提升口播视频的质量。目前，该功能仅可在剪映电脑版中使用，视频效果展示如图 2-15 所示。

图 2-15

剪映电脑版的操作方法如下。

步骤 01　在"本地"选项卡中导入视频素材，单击视频素材右下角的"添加到轨道"按钮▥，如图 2-16 所示。

步骤 02　把视频素材添加到视频轨道中，❶右击视频素材；❷在弹出的快捷菜单中选择"智能剪口播"选项，如图 2-17 所示。

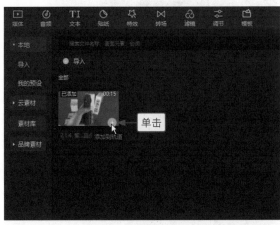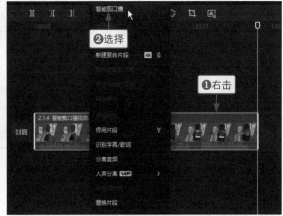

图 2-16　　　　　　　　　　　　　　　　　图 2-17

步骤 03　弹出"智能剪口播"对话框，❶系统会默认选中不需要的停顿、重复和语气词；❷检查无误后，单击"确认删除"按钮，如图 2-18 所示，即可把多余片段批量删除。

步骤 04　在试听的过程中，发现第 1 段素材有些多余，❶选择第 1 段素材；❷单击"删除"按钮▥，如图 2-19 所示，删除不需要的片段。

步骤 05　为了让各片段之间过渡得更自然，可以添加转场，在第 1 段素材与第 2 段素材之间的位置，❶单击"转场"按钮，进入"转场"功能区；❷切换至"叠化"选项卡；❸单击"叠化"转场右下角的"添加到轨道"按钮▥，如图 2-20 所示，添加转场。

步骤 06 在"转场"操作区中单击"应用全部"按钮，如图 2-21 所示，为所有素材之间统一添加同一个转场。

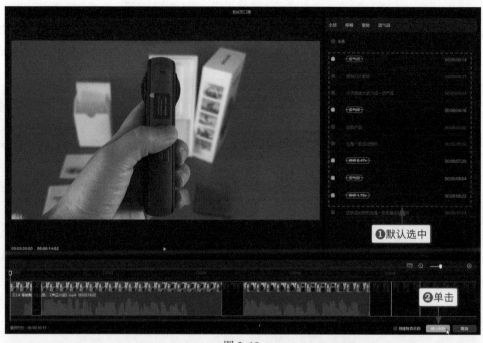

图 2-18

图 2-19

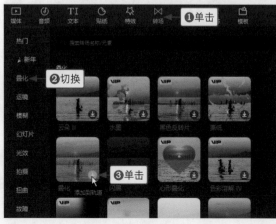

图 2-20

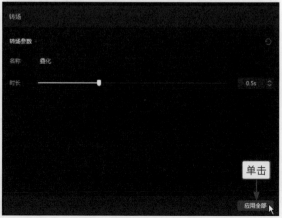

图 2-21

2.2 AI处理音频功能

本节将详细介绍智能匹配场景音、智能文本朗读、智能声音成曲等操作方法。

2.2.1 智能匹配场景音：《回音效果》

效果展示 在剪映的"场景音"选项卡中，有很多 AI 声音处理效果，本案例添加的是"回音"效果，适用于有空旷画面的视频，视频效果展示如图 2-22 所示。

图 2-22

1．用剪映手机版制作

剪映手机版的操作方法如下。

步骤 **01** 在剪映手机版中导入视频素材，❶选择视频素材；❷点击"声音效果"按钮，如图 2-23 所示。

步骤 **02** ❶切换至"场景音"选项卡；❷选择"回音"选项；❸点击✓按钮，如图 2-24 所示，制作回音效果。

<table>
<tr><td>图 2-23</td><td>图 2-24</td></tr>
</table>

2. 用剪映电脑版制作

剪映电脑版的操作方法如下。

打开剪映电脑版，导入视频素材并添加到视频轨道中，❶单击"音频"按钮，进入"音频"操作区；❷切换至"声音效果"→"场景音"选项卡；❸选择"回音"选项，如图 2-25 所示，制作回音效果。

图 2-25

2.2.2　智能文本朗读:《心灵鸡汤》

效果展示　在一些风光类视频中，可以通过文本朗读功能制作心灵鸡汤朗读效果，用美景和美声打动观众，视频效果展示如图 2-26 所示。

图 2-26

1. 用剪映手机版制作

剪映手机版的操作方法如下。

步骤 01　在剪映手机版中导入视频素材，点击"文字"按钮，如图 2-27 所示。

步骤 02　在弹出的二级工具栏中点击"新建文本"按钮，如图 2-28 所示。

步骤 03　❶输入文案内容；❷点击✔按钮，如图 2-29 所示。

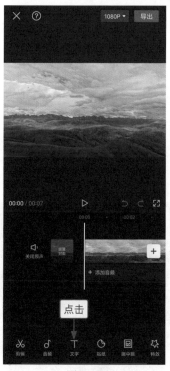

图 2-27　　　　　　　　　　图 2-28　　　　　　　　　　图 2-29

步骤 04　生成文本素材，点击"文本朗读"按钮，如图 2-30 所示。

步骤 05 弹出"音色选择"面板，❶切换至"女声音色"选项卡；❷选择"心灵鸡汤"选项；❸点击✔按钮，如图 2-31 所示，确认操作。

步骤 06 生成音频素材之后，点击"删除"按钮，删除文本，留下音频，如图 2-32 所示。

图 2-30

图 2-31

图 2-32

2．用剪映电脑版制作

剪映电脑版的操作方法如下。

步骤 01 打开剪映电脑版，在"本地"选项卡中导入视频素材，单击视频素材右下角的"添加到轨道"按钮■，把视频素材添加到视频轨道中，如图 2-33 所示。

步骤 02 ❶单击"文本"按钮，进入"文本"功能区；❷单击"默认文本"右下角的"添加到轨道"按钮■，如图 2-34 所示，添加文本素材。

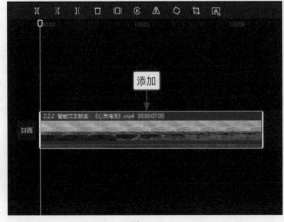
图 2-33

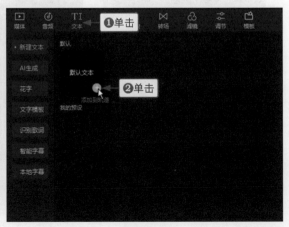
图 2-34

步骤 03　在"文本"操作区中输入文案内容，如图 2-35 所示。

图 2-35

步骤 04　❶单击"朗读"按钮，进入"朗读"操作区；❷选择"心灵鸡汤"选项；❸单击"开始朗读"按钮，如图 2-36 所示。

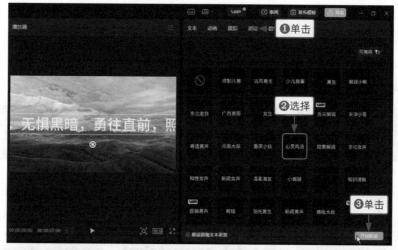

图 2-36

步骤 05　生成音频素材之后，❶选择文本素材；❷单击"删除"按钮 ，如图 2-37 所示。

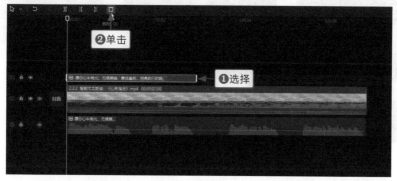

图 2-37

2.2.3　智能声音成曲：《女声说唱》

效果展示　在剪映中，可以使用声音成曲功能将一段简单的对白音频制作成歌曲，视频效果展示如图 2-38 所示。

图 2-38

1. 用剪映手机版制作

剪映手机版的操作方法如下。

步骤 01　在剪映手机版中导入视频素材，❶点击"关闭原声"按钮，设置视频素材为静音；❷在一级工具栏中点击"文字"按钮，如图 2-39 所示。

步骤 02　在弹出的二级工具栏中点击"新建文本"按钮，如图 2-40 所示。

步骤 03　❶输入相应的文案；❷点击 ✓ 按钮，如图 2-41 所示。

图 2-39

图 2-40

图 2-41

步骤 04　生成文本素材，点击"文本朗读"按钮，如图 2-42 所示。

步骤 05　❶在"女声音色"选项卡中选择"甜美解说"选项；❷点击 ✓ 按钮，如图 2-43 所示。

步骤 06 生成音频素材之后，点击"删除"按钮，删除文本，留下音频，如图 2-44 所示。

图 2-42　　　　　　　　　　图 2-43　　　　　　　　　　图 2-44

步骤 07 依次点击"音频"按钮和"声音效果"按钮，如图 2-45 所示。

步骤 08 ❶切换至"声音成曲"选项卡；❷选择"嘻哈"选项；❸点击✓按钮，如图 2-46 所示。

步骤 09 选择视频素材并向左拖曳右侧的白色边框，使其时长为 5.5s，如图 2-47 所示。

图 2-45　　　　　　　　　　图 2-46　　　　　　　　　　图 2-47

2．用剪映电脑版制作

剪映电脑版的操作方法如下。

步骤 01 在"本地"选项卡中导入视频素材，单击视频素材右下角的"添加到轨道"按钮，把视频素材添加到视频轨道中，单击"关闭原声"按钮，设置视频素材为静音，如图 2-48 所示。

步骤 02 ❶单击"文本"按钮，进入"文本"功能区；❷单击"默认文本"右下角的"添加到轨道"按钮，添加文本素材，如图 2-49 所示。

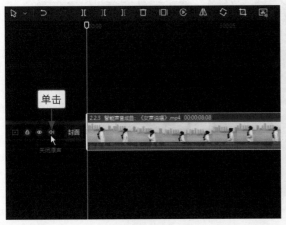

图 2-48

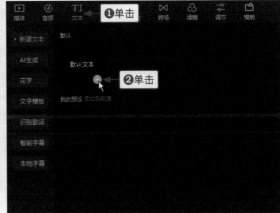

图 2-49

步骤 03 在"文本"操作区中输入文案内容，如图 2-50 所示。

图 2-50

步骤 04 ❶单击"朗读"按钮，进入"朗读"操作区；❷选择"甜美解说"选项；❸单击"开始朗读"按钮，如图 2-51 所示，生成音频素材。

步骤 05 ❶选择文本素材；❷单击"删除"按钮，如图 2-52 所示，把文本删除。

步骤 06 ❶选择视频素材；❷在音频素材的末尾位置单击"向右裁剪"按钮，删除多余的视频素材；❸选择音频素材，如图 2-53 所示。

步骤 07 ❶单击"声音效果"按钮，进入"声音效果"操作区；❷切换至"声音成曲"选项卡；❸选择"嘻哈"选项，即可实现声音成曲，如图 2-54 所示。

图 2-51

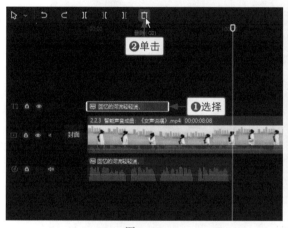

图 2-52

图 2-53

 对于调整音频的功能，需要先选择音频素材，才会出现相应的操作区和功能。

图 2-54

课后实训：制作纪录片解说声音效果

效果展示 纪录片解说声音效果可以应用于介绍类和说明类视频，如介绍城市的特色，视频效果展示如图 2-55 所示。

图 2-55

制作纪录片解说声音效果的操作方法如下。

步骤 01 在剪映手机版中导入视频素材，点击"文字"按钮，如图 2-56 所示。

步骤 02 在弹出的二级工具栏中点击"新建文本"按钮，如图 2-57 所示。

步骤 03 ❶输入相应的文案内容；❷点击 ✓ 按钮，如图 2-58 所示，生成文本素材。

步骤 04 点击"文本朗读"按钮，如图 2-59 所示。

步骤 05 弹出相应的面板，❶在"热门"选项卡中选择"纪录片解说"选项；❷点击✓按钮，如图 2-60 所示，确认操作。

步骤 06 生成音频素材之后，点击"删除"按钮，如图 2-61 所示，删除文本，留下音频。

图 2-56

图 2-57

图 2-58

图 2-59

图 2-60

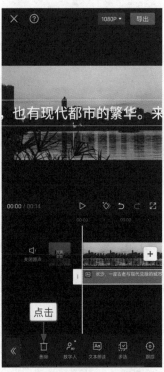

图 2-61

第 3 章 AI 写文案：创意无限，写出吸引人的视频脚本

一段优秀的文案能为视频注入灵魂。当你面对一段视频，不知道输入什么文案来表达视频内容、传递信息时，就可以使用剪映中的 AI 功能写文案。剪映甚至还可以智能写讲解文案和口播文案，帮助更多的个人和自媒体创作视频。在图文成片功能中，还可以定制各种风格的视频脚本文案，为用户制作视频提供更多的便利。

3.1 AI生成脚本文案

在剪映中使用 AI 功能生成脚本文案时，一些功能需要输入一定的提示词，剪映才能进行智能分析，并整合出用户所需要的文案内容。本节将为大家介绍相应的操作方法。

3.1.1 智能包装文案：《最美城市》

效果展示 所谓"包装"，就是让视频的内容更加丰富、形式更加多样。剪映中的智能包装功能可以一键为视频添加文案，并进行包装。目前，该功能仅可在剪映手机版中使用，效果展示如图 3-1 所示。

图 3-1

剪映手机版的操作方法如下。

步骤 01 在剪映手机版中导入视频素材，点击"文字"按钮，如图 3-2 所示。

步骤 02 在弹出的二级工具栏中点击"智能包装"按钮，如图 3-3 所示。

图 3-2   图 3-3

步骤 03 弹出相应的进度提示，如图 3-4 所示，稍等片刻。

步骤 04 生成智能文字模板，点击"编辑"按钮，如图 3-5 所示。

图 3-4   图 3-5

步骤 05 弹出相应的面板，要修改英文文字，点击 ⬆️ 按钮，如图 3-6 所示。

步骤 06　❶修改英文文字；❷点击 ✓ 按钮，如图 3-7 所示。

步骤 07　调整视频的时长，❶选择视频素材；❷在文字素材的末尾位置点击"分割"按钮，分割
视频；❸点击"删除"按钮，如图 3-8 所示，删除多余的视频片段。

图 3-6

图 3-7

图 3-8

3.1.2　智能文案推荐：《限时落日》

效果展示　在剪映中使用文案推荐功能的时候，系统会根据视频内容推荐多条文案，用户只需要选
择自己最满意的一条即可。目前，该功能仅可在剪映手机版中使用，效果展示如图 3-9 所示。

图 3-9

剪映手机版的操作方法如下。

步骤 01　在剪映手机版中导入视频素材，在一级工具栏中点击"文字"按钮，如图 3-10 所示。

步骤 02　在弹出的二级工具栏中点击"智能文案"按钮，如图 3-11 所示。

步骤 03 弹出"智能文案"面板，点击"文案推荐"按钮，如图 3-12 所示。

图 3-10

图 3-11

图 3-12

步骤 04 弹出相应的推荐文案，❶选择一条合适的文案；❷点击 ⊙ 按钮，如图 3-13 所示。

步骤 05 修改文案样式，点击"编辑"按钮，如图 3-14 所示。

图 3-13

图 3-14

步骤 06 ❶修改文案内容；❷切换至"文字模板"→"片头标题"选项卡；❸选择一款合适的文字模板；❹调整文字的大小和位置；❺点击✓按钮，如图 3-15 所示。

步骤 07 调整文案素材的时长，使其对齐视频素材的时长，如图 3-16 所示。

图 3-15

图 3-16

3.1.3 智能写讲解文案：《晚霞拍摄技巧》

效果展示 本案例使用剪映中的智能文案功能，撰写一段讲解晚霞拍摄技巧的视频脚本文案，效果展示如图 3-17 所示。

图 3-17

1. 用剪映手机版制作

剪映手机版的操作方法如下。

步骤 01 在剪映手机版中导入视频素材，在一级工具栏中点击"文字"按钮，如图 3-18 所示。

步骤 02 在弹出的二级工具栏中点击"智能文案"按钮，如图 3-19 所示。

步骤 03 弹出"智能文案"面板，❶点击"写讲解文案"按钮；❷输入"写一篇介绍晚霞拍摄技巧的文案，50字"；❸点击 ➜ 按钮，如图 3-20 所示。

步骤 04 弹出进度提示，稍等片刻，生成文案内容，点击"确认"按钮，如图 3-21 所示。

步骤 05 弹出相应的面板，❶选择"文本朗读"选项；❷点击"添加至轨道"按钮，如图 3-22 所示。

步骤 06 弹出"音色选择"面板，❶选择"解说小帅"选项；❷点击 ✓ 按钮，如图 3-23 所示。

步骤 07 修改文案样式，点击"批量编辑"按钮，如图 3-24 所示。

步骤 08 把文案中多余的标点删除，❶选择第 1 段文案；❷点击"Aa"按钮，如图 3-25 所示。

步骤 09 ❶切换至"字体"→"热门"选项卡；❷选择合适的字体，如图 3-26 所示。

步骤 10 ❶切换至"样式"选项卡；❷选择一个样式；❸设置"字号"参数为 7，略微放大文字，如图 3-27 所示。

图 3-18

图 3-19

图 3-20

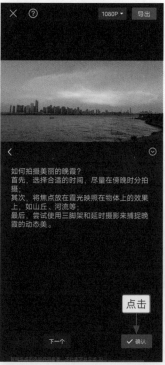

图 3-21

图 3-22

图 3-23

图 3-24

图 3-25

图 3-26

图 3-27

2．用剪映电脑版制作

剪映电脑版的操作方法如下。

步骤 01 打开剪映电脑版，在"本地"选项卡中导入视频素材，单击视频素材右下角的"添加到轨道"按钮，把视频素材添加到视频轨道中，如图 3-28 所示。

步骤 02 ❶单击"文本"按钮，进入"文本"功能区；❷单击"默认文本"右下角的"添加到轨道"按钮，如图 3-29 所示，添加文本素材。

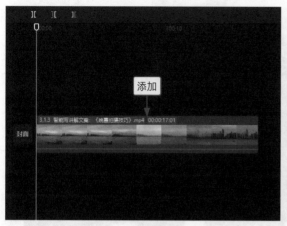

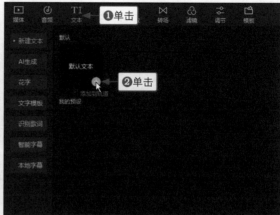

图 3-28　　　　　　　　　　　　　　　　图 3-29

步骤 03 ❶单击"智能文案"按钮；❷单击"写口播文案"按钮；❸输入"写一篇介绍晚霞拍摄技巧的文案，50 字"；❹单击→按钮，如图 3-30 所示。

图 3-30

步骤 04 弹出进度提示，稍等片刻，弹出"智能文案"对话框，生成文案内容，单击"确认"按钮，如图 3-31 所示。

步骤 05 ❶单击"朗读"按钮，进入"朗读"操作区；❷选择"解说小帅"选项；❸单击"开始朗读"按钮，如图 3-32 所示。

步骤 06 生成音频素材之后，❶调整音频素材和文案素材的轨道时长和位置，缩小它们之间的间隔；❷选择视频素材；❸在音频素材的末尾位置单击"向右裁剪"按钮，如图 3-33 所示，删除不需要的视频片段。

步骤 07 ❶选择"默认文本"；❷单击"删除"按钮，如图 3-34 所示，删除文本。

图 3-31　　　　　　　　　　　　　　　　图 3-32

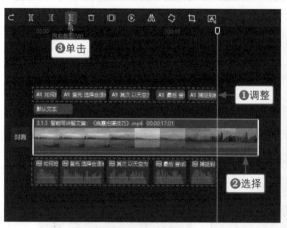
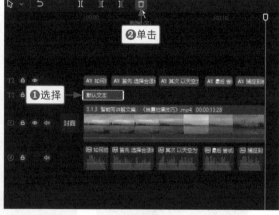

图 3-33　　　　　　　　　　　　　　　　图 3-34

步骤 08　选择第 1 段文案素材，❶在"文本"操作区中更改字体；❷选择一个样式；❸设置"字号"参数为 7，调整文字的大小；❹调整文字的位置，如图 3-35 所示。

图 3-35

3.1.4 智能写营销文案：《动物园广告》

效果展示 在剪映中使用 AI 功能写营销文案时，需要输入相应的提示词，这样系统才能写出满足用户需求的文案，效果展示如图 3-36 所示。

图 3-36

1. 用剪映手机版制作

剪映手机版的操作方法如下。

步骤 01 在剪映手机版中导入视频素材，在一级工具栏中点击"文字"按钮，如图 3-37 所示。

步骤 02 在弹出的二级工具栏中点击"智能文案"按钮，如图 3-38 所示。

步骤 03 弹出"智能文案"面板，❶点击"写营销文案"按钮；❷输入"产品名称"为"动物园"，"产品卖点"为"老虎、猴子、天鹅、熊猫，150 字"；❸点击 ➡ 按钮，如图 3-39 所示。

图 3-37　　　　　　　　图 3-38　　　　　　　　图 3-39

步骤 04 稍等片刻，即可生成文案内容，点击"确认"按钮，如图 3-40 所示。

步骤 05 弹出相应的面板，❶选择"文本朗读"选项；❷点击"添加至轨道"按钮，如图 3-41 所示。

步骤 06 弹出"音色选择"面板，❶选择"解说小帅"选项；❷点击✓按钮，如图 3-42 所示。

图 3-40

图 3-41

图 3-42

步骤 07 修改文案样式，点击"批量编辑"按钮，如图 3-43 所示。

步骤 08 ❶选择第 1 段文案；❷点击"Aa"按钮，如图 3-44 所示。

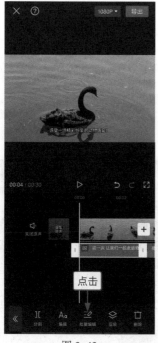

图 3-43

图 3-44

步骤 09　在"样式"选项卡中，❶选择一个样式；❷设置"字号"参数为 6，略微放大文字，如图 3-45 所示。

步骤 10　❶切换至"字体"→"热门"选项卡；❷选择合适的字体，如图 3-46 所示。

步骤 11　❶选择视频素材；❷在音频素材的末尾位置点击"分割"按钮，分割视频素材；❸点击"删除"按钮，删除多余的视频片段，如图 3-47 所示。

图 3-45

图 3-46

图 3-47

2. 用剪映电脑版制作

剪映电脑版的操作方法如下。

步骤 01　打开剪映电脑版，在"本地"选项卡中导入视频素材，单击视频素材右下角的"添加到轨道"按钮＋，把视频素材添加到视频轨道中，如图 3-48 所示。

步骤 02　❶单击"文本"按钮，进入"文本"功能区；❷单击"默认文本"右下角的"添加到轨道"按钮＋，如图 3-49 所示，添加文本素材。

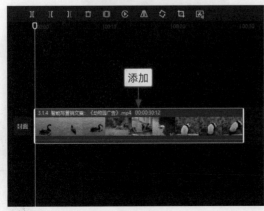

图 3-48

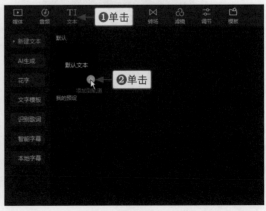

图 3-49

步骤 03 ❶单击"智能文案"按钮 ；❷单击"写营销文案"按钮；❸输入"产品名称"为"动物园"，"产品卖点"为"老虎、猴子、天鹅、熊猫，150 字"；❹单击 按钮，如图 3-50 所示。

图 3-50

步骤 04 弹出进度提示，稍等片刻，弹出"智能文案"对话框，生成文案内容，单击"确认"按钮，如图 3-51 所示。

步骤 05 ❶单击"朗读"按钮，进入"朗读"操作区；❷选择"解说小帅"选项；❸单击"开始朗读"按钮，如图 3-52 所示。

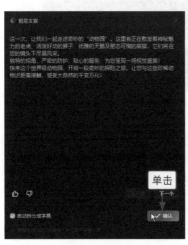

图 3-51

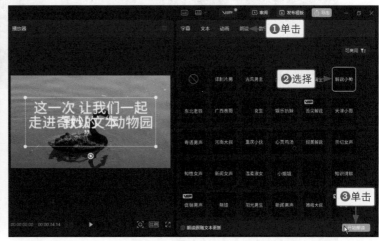

图 3-52

步骤 06 生成音频素材之后，❶调整音频素材和文案素材的轨道时长和位置，缩小它们之间的间隔；❷选择视频素材；❸在音频素材的末尾位置单击"向右裁剪"按钮 ，如图 3-53 所示，删除不需要的视频片段。

步骤 07 ❶选择"默认文本"；❷单击"删除"按钮 ，如图 3-54 所示，删除不需要的文本。

步骤 08 选择第 1 段文案，❶在"文本"操作区中更改字体；❷选择一个样式；❸设置"字号"参数为 6，调整文字的大小；❹调整文字的位置，如图 3-55 所示。

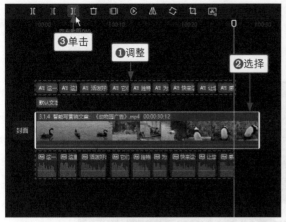

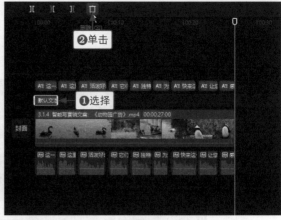

图 3-53   图 3-54

图 3-55

　　使用 AI 生成讲解文案、口播文案和营销文案，每次生成的都会有些许差异，目前也是不能进行二次编辑和修改的，用户可以点击或单击"下一个"按钮，再次生成文案，选择自己想要的文案。

3.2 使用图文成片写文案

　　在视频的创作过程中，用户常常会遇到这样的问题：怎么又快又好地写出视频文案呢？如何精准地写出符合自己需求的文案呢？目前，剪映的图文成片功能就能满足用户的这些需求。

　　本节主要介绍使用图文成片功能生成视频脚本文案的具体操作方法。

3.2.1　智能获取链接中的文案：《摆姿大全》

想要从链接中获取文案，用户需要先选择好头条文章，并复制文章的链接，再粘贴到剪映的"图文成片"界面中，就可以通过 AI 获取文案内容。下面介绍智能获取链接中的文案的操作方法。

1．用剪映手机版制作

剪映手机版的操作方法如下。

步骤 01　在手机应用商店中下载并安装好今日头条 App 之后，点击"今日头条"图标，如图 3-56 所示，打开今日头条。

步骤 02　❶在搜索栏中输入"手机摄影构图大全"；❷点击"搜索"按钮，弹出相应的搜索结果；❸选择相应的账号，如图 3-57 所示。

步骤 03　进入账号首页，❶切换至"文章"选项卡；❷点击相应文章的标题，如图 3-58 所示。

图 3-56　　　　　　　　　　图 3-57　　　　　　　　　　图 3-58

步骤 04　进入文章详情界面，❶点击右上角的 ••• 按钮，弹出相应的面板；❷点击"复制链接"按钮，如图 3-59 所示，复制文章的链接。

步骤 05　打开剪映手机版，进入"剪辑"界面，点击"图文成片"按钮，如图 3-60 所示。

步骤 06　进入"图文成片"界面，点击"自由编辑文案"按钮，如图 3-61 所示。

步骤 07　进入相应的界面，点击 🔗 按钮，如图 3-62 所示。

步骤 08　❶在弹出的面板中粘贴文章链接；❷点击"获取文案"按钮，如图 3-63 所示。

步骤 09　稍等片刻，即可获取文案内容，如图 3-64 所示。

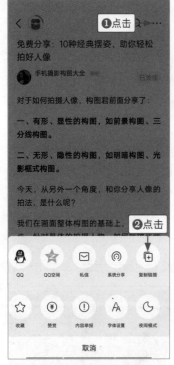

图 3-59

图 3-60

图 3-61

图 3-62

图 3-63

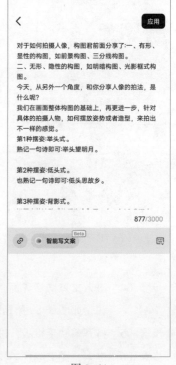

图 3-64

2．用剪映电脑版制作

剪映电脑版的操作方法如下。

步骤 01 打开今日头条官网，❶在搜索栏中输入"手机摄影构图大全"；❷单击搜索按钮🔍，如图 3-65 所示。

图 3-65

步骤 02 在搜索结果中选择相应的账号，如图 3-66 所示。

步骤 03 进入账号首页，❶切换至"文章"选项卡；❷单击相应文章的标题，如图 3-67 所示。

图 3-66

图 3-67

步骤 04 进入文章详情页面，选中网页链接并按【Ctrl + C】组合键复制，如图 3-68 所示。

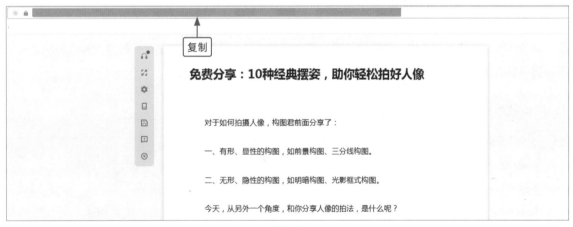

图 3-68

步骤 05 进入剪映电脑版首页，单击"图文成片"按钮，如图 3-69 所示。

步骤 06 弹出"图文成片"面板，单击"自由编辑文案"按钮，如图 3-70 所示。

步骤 07 ❶单击🔗按钮；❷按【Ctrl + V】组合键，粘贴链接；❸单击"获取文字"按钮，如图 3-71 所示。

步骤 08 稍等片刻，即可获取文案内容，如图 3-72 所示。

图 3-69 图 3-70

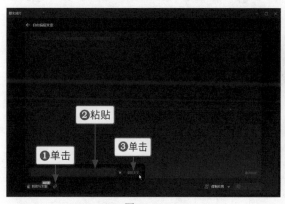

图 3-71 图 3-72

3.2.2 智能写美食教程文案:《蛋炒饭制作方法》

在剪映的图文成片功能中,用户除了可以自由编辑文案,还可以智能生成各种类型和风格的文案。下面将以智能写美食教程文案为例介绍这个功能。

1. 用剪映手机版制作

剪映手机版的操作方法如下。

步骤 01 打开剪映手机版,进入"剪辑"界面,点击"图文成片"按钮,如图 3-73 所示。

步骤 02 进入"图文成片"界面,选择"美食教程"选项,如图 3-74 所示。

步骤 03 进入"美食教程"界面,❶ 输入"美食名称"为"蛋炒饭","美食做法"为"葱香味做法";❷ 设置"视频时长"为"1 分钟左右";❸ 点击"生成文案"按钮,如图 3-75 所示。

步骤 04 稍等片刻,即可生成相应的文案内容。点击 ❯ 按钮,可以切换文案;点击 C 按钮,可以重新生成文案。点击编辑按钮 ✏,如图 3-76 所示。

步骤 05 进入相应的界面,可以编辑和修改文案,如图 3-77 所示。

图 3-73

图 3-74

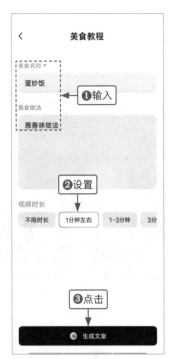

图 3-75

图 3-76

图 3-77

2．用剪映电脑版制作

剪映电脑版的操作方法如下。

步骤 01 进入剪映电脑版首页，单击"图文成片"按钮，如图 3-78 所示。

步骤 02 ❶切换至"美食教程"选项卡；❷输入"美食名称"为"蛋炒饭"，"美食做法"为"葱香味做法"；❸设置"视频时长"为"1 分钟左右"；❹单击"生成文案"按钮，如图 3-79 所示。

图 3-78　　　　　　　　　　　　　　　　　图 3-79

步骤 03 稍等片刻，即可生成相应的文案内容，如图 3-80 所示，单击 ▶ 按钮，可以切换文案；单击"重新生成"按钮，可以重新生成文案。

图 3-80

课后实训：智能写情感关系文案

使用剪映的图文成片功能可以写情感关系文案，这类文案受到了很多观众的喜爱。

智能写情感关系文案的操作方法如下。

步骤 01 进入剪映电脑版首页，单击"图文成片"按钮，如图 3-81 所示。

步骤 02　❶切换至"情感关系"选项卡；❷输入"主题"为"友情"，"话题"为"保持友谊长久的秘诀，人际交往"；❸设置"视频时长"为"1~3 分钟"；❹单击"生成文案"按钮，如图 3-82 所示。

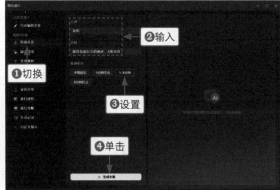

图 3-81　　　　　　　　　　　　　　　　　　　　图 3-82

步骤 03　稍等片刻，即可生成相应的文案内容，如图 3-83 所示。

图 3-83

温馨提示

　　使用剪映的图文成片功能还可以智能生成励志鸡汤、美食推荐、营销广告、家居分享、旅行感悟、旅行攻略、生活记录等文案。

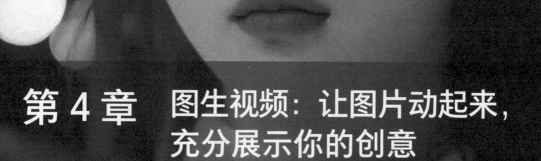

第 4 章　图生视频：让图片动起来，充分展示你的创意

　　使用剪映的图片玩法功能，可以把图片变成视频，其中人像图片的创意玩法更加丰富。使用图片玩法功能，可以制作出静态的效果，也可以生成动态的效果，利用好这个功能，我们可以为图片素材创造出更多的创意效果。除此之外，还有其他功能可以让图片动起来。本章将为大家介绍相应的技巧，帮助大家学会让图片动起来。

4.1　使用图片玩法制作动态视频

在剪映中使用图片玩法功能制作动态视频时，需要先导入图片素材，再选择相应的玩法。本节将为大家介绍该功能的使用方法。目前，该功能仅可在剪映手机版中使用。

4.1.1　制作魔法换天视频：《超级月亮》

效果对比　在剪映中使用魔法换天功能，可以把图片中的天空换成有"超级月亮"的动态天空，云朵和天空的颜色也会随之改变，效果对比如图 4-1 所示。

图 4-1

剪映手机版的操作方法如下。

步骤 01　在剪映手机版中导入图片素材，点击"特效"按钮，如图 4-2 所示。

步骤 02　在弹出的二级工具栏中点击"图片玩法"按钮，如图 4-3 所示。

步骤 03　弹出"图片玩法"面板，❶切换至"场景变换"选项卡；❷选择"魔法换天Ⅱ"选项，稍等片刻，即可变换图片中的天空，如图 4-4 所示。

步骤 04　给视频添加背景音乐，在一级工具栏中点击"音频"按钮，如图 4-5 所示。

步骤 05　在弹出的二级工具栏中点击"提取音乐"按钮，如图 4-6 所示。

步骤 06　进入"照片视频"界面，❶选择视频素材；❷点击"仅导入视频的声音"按钮，如图 4-7 所示。

步骤 07　稍等片刻，即可为视频添加背景音乐，如图 4-8 所示。

图 4-2

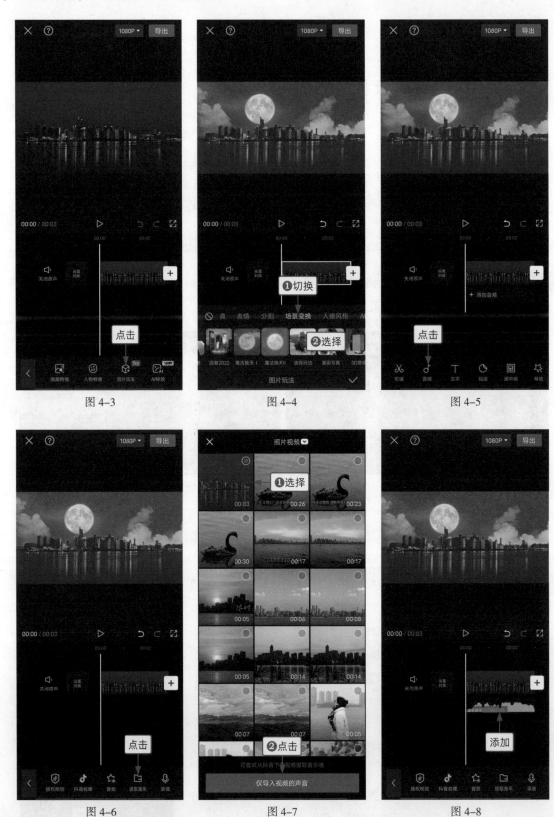

图 4-3

图 4-4

图 4-5

图 4-6

图 4-7

图 4-8

4.1.2 制作时空穿越视频：《无限穿梭》

效果展示 时空穿越效果可以让图片中的人物"变身"，在几秒的时间内穿梭于现代和古代的场景中，效果展示如图 4-9 所示。

图 4-9

剪映手机版的操作方法如下。

步骤 01 在剪映手机版中导入图片素材，点击"特效"按钮，如图 4-10 所示。

步骤 02 在弹出的二级工具栏中点击"图片玩法"按钮，如图 4-11 所示。

图 4-10   图 4-11

步骤 03 弹出"图片玩法"面板，❶切换至"运镜"选项卡；❷选择"时空穿越"选项，稍等片刻，即可把图片变成动态的场景切换视频，如图 4-12 所示。

步骤 04　给视频添加背景音乐，在一级工具栏中点击"音频"按钮，如图 4-13 所示。

图 4-12　　　　　　　　　　　　　　　　图 4-13

步骤 05　在弹出的二级工具栏中点击"提取音乐"按钮，如图 4-14 所示。

步骤 06　进入"照片视频"界面，❶选择视频素材；❷点击"仅导入视频的声音"按钮，如图 4-15 所示。

步骤 07　稍等片刻，即可为视频添加背景音乐，调整其时长，对齐视频的时长，如图 4-16 所示。

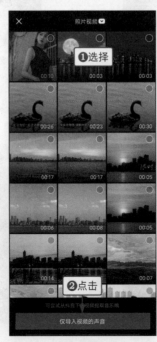
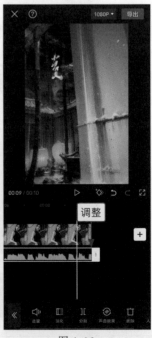

图 4-14　　　　　　　　　　图 4-15　　　　　　　　　　图 4-16

4.1.3　制作 3D 运镜视频：《立体人像》

效果展示　3D 运镜效果主要是把人物抠出来进行放大或缩小，这种效果具有立体感和现场感，仿佛画面中的人物就近在眼前。因为这种效果需要进行抠像处理，所以用户可以选择背景简洁的人像图片进行制作，效果展示如图 4-17 所示。

图 4-17

剪映手机版的操作方法如下。

步骤 01　在剪映手机版中导入图片素材，点击"特效"按钮，如图 4-18 所示。

步骤 02　在弹出的二级工具栏中点击"图片玩法"按钮，如图 4-19 所示。

图 4-18　　　　　　　　　　　　　　　图 4-19

步骤 03 弹出"图片玩法"面板，❶切换至"运镜"选项卡；❷选择"3D 运镜"选项，稍等片刻，即可把图片制作成 3D 运镜效果，如图 4-20 所示。

步骤 04 给视频添加背景音乐，在一级工具栏中点击"音频"按钮，如图 4-21 所示。

图 4-20　　　　　　　　　　　　　图 4-21

步骤 05 在弹出的二级工具栏中点击"提取音乐"按钮，如图 4-22 所示。

步骤 06 进入"照片视频"界面，❶选择视频素材；❷点击"仅导入视频的声音"按钮，如图 4-23 所示。

步骤 07 稍等片刻，即可为视频添加背景音乐，调整其时长，使其对齐视频的时长，如图 4-24 所示。

图 4-22　　　　　　　　　　图 4-23　　　　　　　　　　图 4-24

4.1.4　制作万物分割视频：《动感拼合》

效果展示　万物分割效果主要是把人物图片智能分为几个部分，然后分别进行展示和拼合，这种效果具有强调的作用，画面也会变得更有动感一些，效果展示如图 4-25 所示。

图 4-25

剪映手机版的操作方法如下。

步骤 01　在剪映手机版中导入图片素材，点击"特效"按钮，如图 4-26 所示。

步骤 02　在弹出的二级工具栏中点击"图片玩法"按钮，如图 4-27 所示。

图 4-26

图 4-27

步骤 03　弹出"图片玩法"面板，❶切换至"分割"选项卡；❷选择"万物分割"选项，稍等片刻，即可把图片变成动态的拼合视频，如图 4-28 所示。

步骤 04 给视频添加背景音乐，在一级工具栏中点击"音频"按钮，如图 4-29 所示。

图 4-28　　　　　　　　　　　　　　图 4-29

步骤 05 在弹出的二级工具栏中点击"提取音乐"按钮，如图 4-30 所示。

步骤 06 进入"照片视频"界面，❶选择视频素材；❷点击"仅导入视频的声音"按钮，如图 4-31 所示。

步骤 07 稍等片刻，即可为视频添加背景音乐，调整其时长，使其对齐视频的时长，如图 4-32 所示。

图 4-30　　　　　　　　　　图 4-31　　　　　　　　　　图 4-32

4.2 使用其他功能让图片动起来

在剪映中，除了图片玩法里的一些功能可以让图片变成动态的视频，还有其他方法可以让图片变成动态的视频。本节将为大家介绍把图片制作成视频的其他方法。

4.2.1 剪同款制作视频：《美味时刻》

效果展示 如何用多张美食照片快速生成美食视频呢？在剪映中使用剪同款功能，即可快速生成视频。用户可以设置条件筛选模板，从而快速、准确地获得想要的效果。不过，该功能目前仅可在剪映手机版中使用，效果展示如图 4-33 所示。

图 4-33

剪映手机版的操作方法如下。

步骤 01 进入剪映手机版的"剪辑"界面，点击"剪同款"按钮，如图 4-34 所示。

步骤 02 ❶在搜索栏中输入并搜索"美食卡点"；❷为了精准搜索，点击"筛选"按钮，如图 4-35 所示。

步骤 03 弹出"全部筛选"面板，❶设置排序方式为"最多使用"；❷设置"素材类型"为"图片"；❸设置"片段数量 / 个"为"3~5"；❹设置"素材比例"为"横屏"；❺点击"确定"按钮，如图 4-36 所示。

步骤 04 在搜索结果中选择喜欢的模板，如图 4-37 所示。

图 4-34

| 图 4-35 | 图 4-36 | 图 4-37 |

步骤 05 进入相应的界面，点击右下角的"剪同款"按钮，如图 4-38 所示。

步骤 06 ❶在"照片视频"→"照片"选项卡中依次选择 5 张美食图片；❷点击"下一步"按钮，如图 4-39 所示。

步骤 07 预览效果，如果对效果满意，❶点击"导出"按钮；❷弹出"导出设置"面板，点击 按钮，如图 4-40 所示，把视频导出至本地相册中。

| 图 4-38 | 图 4-39 | 图 4-40 |

4.2.2　一键成片制作视频：《幸福新娘》

效果展示　使用一键成片功能，用户需要提前准备好图片素材，并按照顺序导入剪映中，之后就能选择模板，生成视频。目前，本功能仅可以剪映手机版中使用，效果展示如图 4-41 所示。

图 4-41

剪映手机版的操作方法如下。

步骤 01　打开剪映手机版，进入"剪辑"界面，点击"一键成片"按钮，如图 4-42 所示。

步骤 02　❶在"照片视频"→"照片"选项卡中依次选择两张人像图片；❷点击"下一步"按钮，如图 4-43 所示。

图 4-42　　　　　　　　　　　　　　　　　图 4-43

步骤 03 弹出相应的面板，❶选择喜欢的模板，预览效果；❷如果要编辑视频，点击"点击编辑"
按钮，如图 4-44 所示。

步骤 04 进入相应的界面，点击"解锁草稿"按钮，如图 4-45 所示。

图 4-44

图 4-45

步骤 05 进入视频编辑界面，点击"背景"按钮，如图 4-46 所示。

步骤 06 在弹出的二级工具栏中点击"画布模糊"按钮，如图 4-47 所示。

步骤 07 弹出"画布模糊"面板，❶选择第 4 个选项；❷点击"全局应用"按钮，对所有的片段
都设置相同的背景；❸点击"导出"按钮，如图 4-48 所示，导出视频。

图 4-46

图 4-47

图 4-48

4.2.3　套用模板制作视频：《古风立体相册》

效果展示　在使用模板功能生成视频时，需要注意素材的类型是图片还是视频。在剪映中套用模板，可以让古风照片变成一段精美的古风立体相册视频，效果展示如图 4-49 所示。

图 4-49

1.　用剪映手机版制作

剪映手机版的操作方法如下。

步骤 01　在剪映手机版中导入图片素材，点击"模板"按钮，如图 4-50 所示。

步骤 02　❶在搜索栏中输入并搜索"横屏立体相册古色古香"；❷在搜索结果中选择模板，如图 4-51 所示。

步骤 03　进入相应的界面，点击右下角的"去使用"按钮，如图 4-52 所示。

图 4-50　　　　　　　　　　图 4-51　　　　　　　　　　图 4-52

步骤 04　❶在"照片视频"→"照片"选项卡中选择 4 张照片；❷点击"下一步"按钮，如图 4-53 所示。

步骤 05 预览效果，如果对效果不太满意，点击"编辑更多"按钮，如图 4-54 所示。

步骤 06 ❶选择第 1 段素材；❷调整素材的画面大小和位置，如图 4-55 所示。

图 4-53　　　　　　　　　　图 4-54　　　　　　　　　　图 4-55

步骤 07 ❶选择第 3 段素材；❷调整素材的画面位置，如图 4-56 所示。

步骤 08 ❶选择原始图片素材；❷点击"删除"按钮，删除多余的素材；❸点击"导出"按钮，导出视频，如图 4-57 所示。

图 4-56　　　　　　　　　　　　　　　图 4-57

2．用剪映电脑版制作

剪映电脑版的操作方法如下。

步骤 01 进入剪映电脑版首页，单击"模板"按钮，切换至"模板"选项卡，如图 4-58 所示。

步骤 02 ❶在搜索栏中输入并搜索"横屏立体相册古色古香"；❷在搜索结果中找到相应模板，并单击"使用模板"按钮，如图 4-59 所示。

图 4-58　　　　　　　　　　　　　　　　图 4-59

步骤 03 进入编辑界面，单击第 1 段素材上的"替换"按钮，如图 4-60 所示。

步骤 04 弹出"请选择媒体资源"对话框，❶在相应的文件夹中选择第 1 张图片；❷单击"打开"按钮，如图 4-61 所示，替换素材。

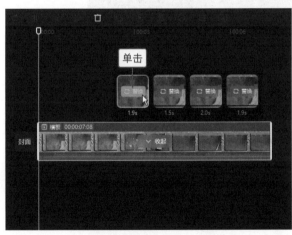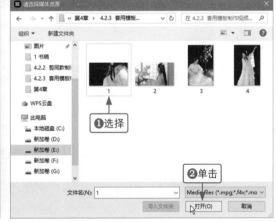

图 4-60　　　　　　　　　　　　　　　　图 4-61

步骤 05 在"播放器"面板中调整第 1 段素材的画面大小和位置，如图 4-62 所示。

步骤 06 同理，依次替换后面的 3 段素材，并在"播放器"面板中调整第 3 段素材的画面位置，如图 4-63 所示。

步骤 07 单击右上角的"导出"按钮，如图 4-64 所示，导出视频。

图 4-62

图 4-63

图 4-64

课后实训：**制作摇摆运镜动态视频**

效果展示 剪映中的抖音玩法功能和图片玩法功能是相通的。摇摆运镜效果可以让图片中的人物晃动，这种效果在搞笑视频中比较常用，效果展示如图 4-65 所示。

图 4-65

制作摇摆运镜动态视频的操作方法如下。

步骤 01 在剪映手机版中导入图片素材，❶选择图片素材；❷点击"抖音玩法"按钮，如图 4-66 所示。

步骤 02 弹出"抖音玩法"面板，❶切换至"运镜"选项卡；❷选择"摇摆运镜"选项，稍等片刻，即可制作出摇摆运镜效果，如图 4-67 所示。

步骤 03 回到一级工具栏，依次点击"音频"按钮和"提取音乐"按钮，如图 4-68 所示。

步骤 04 进入"照片视频"界面，❶选择视频素材；❷点击"仅导入视频的声音"按钮，如图 4-69 所示，添加合适的背景音乐，并调整其时长，使其对齐视频的时长。

图 4-66

图 4-67

图 4-68

图 4-69

第 5 章　快速成片：一键成片与图文成片，轻松制作视频

　　当用户面对素材，不知道该剪辑什么风格的视频时，就可以使用剪映中的一键成片功能，快速生成一段视频，该功能中有多种风格可选，让视频剪辑变得简单。剪映中的图文成片功能也非常强大，用户只需要提供文案，就能获得一个有字幕、朗读音频、背景音乐和画面的视频。本章主要介绍使用一键成片与图文成片功能生成视频，帮助大家轻松制作视频。

5.1 使用一键成片功能生成视频

本节主要介绍使用一键成片功能生成视频的具体操作方法。用户需要准备好素材，可以选择默认的模板，也可以根据自己的喜好更换模板。

5.1.1 选择模板生成视频：《率性女孩》

效果展示 在使用一键成片功能时，用户需要提前准备好素材，并按照顺序导入剪映中，之后就能选择模板，生成视频，效果展示如图 5-1 所示。

图 5-1

剪映手机版的操作方法如下。

步骤 01 打开剪映手机版，进入"剪辑"界面，点击"一键成片"按钮，如图 5-2 所示。

步骤 02 ❶在"照片视频"→"照片"选项卡中依次选择 3 张人像图片；❷点击"下一步"按钮，如图 5-3 所示。

步骤 03 弹出相应的面板，❶选择喜欢的模板，预览效果；❷如果对效果满意，点击"导出"按钮，如图 5-4 所示。

步骤 04 弹出"导出设置"面板，点击 📄 按钮，如图 5-5 所示，把视频导出至本地相册中。

图 5-2

图 5-3

图 5-4

图 5-5

5.1.2　输入提示词生成视频:《城市旅行 Vlog》

效果展示　在使用一键成片功能制作视频时，用户可以输入相应的提示词，让剪映精准提供模板，这样可以缩小选择范围，效果展示如图 5-6 所示。

图 5-6

剪映手机版的操作方法如下。

步骤 01 打开剪映手机版，进入"剪辑"界面，点击"一键
成片"按钮，❶在"照片视频"→"视频"选项卡
中依次选择 4 段视频；❷在搜索栏中输入"剪个城
市旅行 Vlog"；❸点击∨按钮，如图 5-7 所示。

步骤 02 点击"下一步"按钮，如图 5-8 所示。

步骤 03 稍等片刻，即可生成一段视频，❶选择喜欢的模
板；❷点击"导出"按钮，如图 5-9 所示。

步骤 04 弹出"导出设置"面板，点击🖫按钮，如图 5-10
所示，把视频导出至本地相册中。

图 5-7

图 5-8

图 5-9

图 5-10

5.1.3 编辑成片视频草稿：《夏日心情》

效果展示 在使用一键成片功能制作视频时，可以将图片和视频素材搭配使用。如果对效果不满
意，还可以编辑视频草稿，进行个性化设置，如为素材添加动画，让画面更有动感，效果展示如图 5-11
所示。

图 5-11

剪映手机版的操作方法如下。

步骤 01 打开剪映手机版，进入"剪辑"界面，点击"一键成片"按钮，如图 5-12 所示。

步骤 02 进入"照片视频"界面，在"照片"选项卡中选择一张图片素材，如图 5-13 所示。

图 5-12

图 5-13

步骤 03 ❶切换至"视频"选项卡；❷依次选择 3 段视频素材；❸点击"下一步"按钮，如图 5-14 所示。

步骤 04 如果对生成的视频效果不满意，❶切换至"卡点"选项卡；❷选择喜欢的模板，更改视频效果；❸点击"点击编辑"按钮，如图 5-15 所示。

图 5-14

图 5-15

步骤 05 进入相应的界面，点击"解锁草稿"按钮，如图 5-16 所示。

步骤 06 ❶选择图片素材；❷点击"动画"按钮，如图 5-17 所示。

步骤 07 ❶切换至"组合动画"选项卡；❷选择"缩放"动画，让画面变得更有动感；❸点击"导出"按钮，即可导出视频，如图 5-18 所示。

图 5-16

图 5-17

图 5-18

5.2 使用图文成片功能生成视频

在剪映中使用图文成片功能生成视频时，用户可以使用剪映自带的素材，也可以使用本地素材或匹配表情包。本节将为大家介绍相应的操作方法，帮助大家掌握使用图文成片功能生成视频的技巧。

5.2.1 智能匹配素材：《如何保持好睡眠》

效果展示 使用图文成片功能中的智能匹配素材功能，可以为文案自动匹配视频、图片、音频和文字素材，快速制作视频，效果展示如图 5-19 所示。

图 5-19

1. 用剪映手机版制作

剪映手机版的操作方法如下。

步骤 01 打开剪映手机版，进入"剪辑"界面，点击"图文成片"按钮，如图 5-20 所示。

步骤 02 进入"图文成片"界面，点击"自由编辑文案"按钮，如图 5-21 所示。

步骤 03 点击"智能写文案"按钮，如图 5-22 所示。

步骤 04 弹出"智能写文案"面板，选择"自定义输入"选项，如图 5-23 所示。

步骤 05 弹出相应的面板，❶输入"如何保持好睡眠？100 字左右"；❷点击 → 按钮，如图 5-24 所示，稍等片刻。

步骤 06 弹出"确认文案"面板，如果对文案满意，点击"使用"按钮，如图 5-25 所示。

步骤 07 进入相应的界面，点击右上角的"应用"按钮，如图 5-26 所示。

步骤 08 弹出"请选择成片方式"面板，选择"智能匹配素材"选项，如图 5-27 所示。

步骤 09 稍等片刻，即可生成一段视频，继续编辑视频，点击"导入剪辑"按钮，如图 5-28 所示。

图 5-20

图 5-21

图 5-22

图 5-23

图 5-24

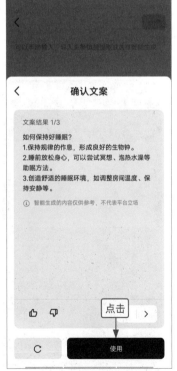

图 5-25

图 5-26

图 5-27

图 5-28

步骤 10 进入视频编辑界面，点击"背景"按钮，如图 5-29 所示。

步骤 11 在弹出的二级工具栏中点击"画布模糊"按钮，如图 5-30 所示。

步骤 12 弹出"画布模糊"面板，❶选择第 4 个选项；❷点击"全局应用"按钮，为所有的片段都设置相同的背景；❸点击"导出"按钮，如图 5-31 所示，导出视频。

图 5-29

图 5-30

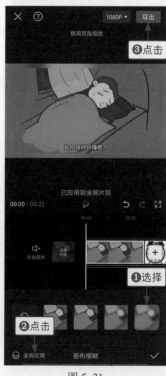

图 5-31

2．用剪映电脑版制作

剪映电脑版的操作方法如下。

步骤 01 进入剪映电脑版首页，单击"图文成片"按钮，如图 5-32 所示。

步骤 02 弹出"图文成片"面板，单击"自由编辑文案"按钮，如图 5-33 所示。

图 5-32　　　　　　　　　　　　　　　　　　　　图 5-33

步骤 03 单击"智能写文案"按钮，如图 5-34 所示。

步骤 04 默认选中"自定义输入"单选按钮，❶输入"如何保持好睡眠？100 字左右"；❷单击
→ 按钮，如图 5-35 所示。

图 5-34　　　　　　　　　　　　　　　　　　　　图 5-35

步骤 05 稍等片刻，生成文案，如果对文案满意，单击"确认"按钮，如图 5-36 所示。

步骤 06 保持默认朗读人声选项，❶单击"生成视频"按钮；❷选择"智能匹配素材"选项，如
图 5-37 所示。

步骤 07 稍等片刻，即可生成视频，选择视频素材，❶在"画面"操作区中，设置"背景填充"为
第 4 个模糊样式；❷单击"全部应用"按钮，为所有的片段都设置相同的背景，如图 5-38
所示。

> 如果对生成的视频不满意，可以先复制生成的文案，然后粘贴文案再次生成视频。

图 5-36

图 5-37

图 5-38

5.2.2 使用本地素材：《狸花猫》

效果展示 在图文成片功能中，用户还可以添加设备本地的视频或图片素材来制作视频，效果展示如图 5-39 所示。

图 5-39

1. 用剪映手机版制作

剪映手机版的操作方法如下。

步骤 01 打开剪映手机版，进入"剪辑"界面，点击"图文成片"按钮，如图 5-40 所示。

步骤 02 进入"图文成片"界面，点击"自由编辑文案"按钮，如图 5-41 所示。

步骤 03 ❶输入相应的文案内容；❷点击"应用"按钮，如图 5-42 所示。

图 5-40   图 5-41   图 5-42

步骤 04 弹出"请选择成片方式"面板，选择"使用本地素材"选项，如图 5-43 所示。

步骤 05 稍等片刻，即可生成一段视频，点击第 1 个"添加素材"按钮，如图 5-44 所示。

步骤 06 在"照片视频"→"照片"选项卡中选择一张狸花猫图片，如图 5-45 所示。

图 5-43

图 5-44

图 5-45

步骤 07 ❶点击第 2 个"添加素材"按钮；❷选择第 2 张狸花猫图片，如图 5-46 所示。

步骤 08 同理，依次添加剩下的狸花猫图片，完成后点击✕按钮，确认更改，如图 5-47 所示。

步骤 09 更改文案的样式，点击"文字"按钮，如图 5-48 所示。

图 5-46

图 5-47

图 5-48

步骤 10　在弹出的二级工具栏中点击"编辑"按钮，如图 5-49 所示。

步骤 11　在"字体"→"热门"选项卡中选择合适的字体，如图 5-50 所示。

步骤 12　❶切换至"花字"→"发光"选项卡；❷选择一个花字样式；❸点击"导出"按钮，如图 5-51 所示，导出视频。

　　　　图 5-49　　　　　　　　　　图 5-50　　　　　　　　　　图 5-51

2．用剪映电脑版制作

剪映电脑版的操作方法如下。

步骤 01　进入剪映电脑版首页，单击"图文成片"按钮，如图 5-52 所示。

步骤 02　弹出"图文成片"面板，单击"自由编辑文案"按钮，如图 5-53 所示。

　　　　　图 5-52　　　　　　　　　　　　　　　　图 5-53

步骤 03　❶输入文案内容；❷单击展开按钮▲；❸在弹出的列表中选择"纪录片解说"选项，如图 5-54 所示。

步骤 04　❶单击"生成视频"按钮；❷选择"使用本地素材"选项，如图 5-55 所示。

图 5-54

图 5-55

步骤 05 稍等片刻，即可生成视频，进入"媒体"功能区，在"本地"选项卡中单击"导入"按钮，如图 5-56 所示。

步骤 06 弹出"请选择媒体资源"对话框，❶在相应的文件夹中，按【Ctrl + A】组合键全选 6 张图片素材；❷单击"打开"按钮，如图 5-57 所示。

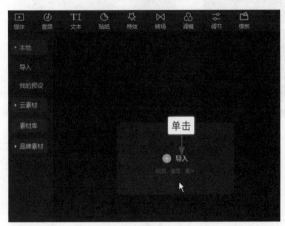

图 5-56

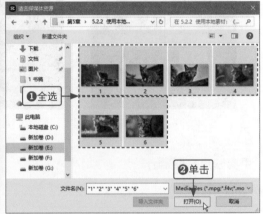

图 5-57

步骤 07 单击图片素材右下角的"添加到轨道"按钮，如图 5-58 所示，依次把 6 个图片素材添加到视频轨道中。

步骤 08 根据每段音频素材的时长，调整图片素材的时长，使它们对齐，如图 5-59 所示。

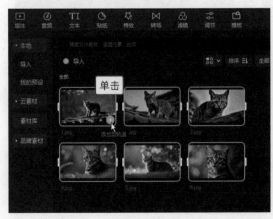

图 5-58

图 5-59

步骤 09 选择文案素材，在"文本"操作区中更改文字的字体，如图 5-60 所示。

图 5-60

步骤 10 ❶切换至"花字"选项卡；❷选择一个花字样式，如图 5-61 所示。

图 5-61

5.2.3 智能匹配表情包：《冷笑话》

效果展示 使用图文成片功能还可以根据文案内容匹配"网感"十足的表情包，让视频更有幽默感，效果展示如图 5-62 所示。

图 5-62

1. 用剪映手机版制作

剪映手机版的操作方法如下。

步骤 01 打开剪映手机版，进入"剪辑"界面，点击"图文成片"按钮，如图5-63所示。

步骤 02 进入"图文成片"界面，点击"自由编辑文案"按钮，如图5-64所示。

步骤 03 ❶输入相应的文案内容；❷点击"应用"按钮，如图5-65所示。

步骤 04 弹出"请选择成片方式"面板，选择"智能匹配表情包"选项，如图5-66所示。

步骤 05 稍等片刻，即可生成一段视频，替换视频素材，❶选择最后一段素材；❷点击"替换"按钮，如图5-67所示。

步骤 06 ❶输入并搜索"偷笑"；❷切换至"表情包"选项卡；❸在搜索结果中选择需要替换的素材；❹点击✕按钮，确认更改，如图5-68所示。

图5-63

图5-64

图5-65

步骤 07 更改文案样式，❶选择第1段文案；❷点击"编辑"按钮，如图5-69所示。

步骤 08 在"字体"→"热门"选项卡中选择合适的字体，如图5-70所示。

步骤 09 ❶切换至"花字"→"黄色"选项卡；❷选择一个花字样式；❸点击✔按钮；❹点击"导入剪辑"按钮，如图 5-71 所示，继续编辑视频。

图 5-66

图 5-67

图 5-68

图 5-69

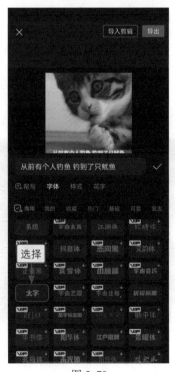

图 5-70

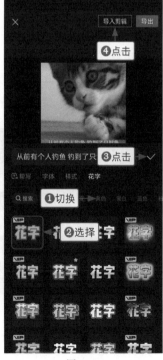

图 5-71

步骤 10 进入视频编辑界面，点击"背景"按钮，如图 5-72 所示。

步骤 11 在弹出的二级工具栏中点击"画布样式"按钮，如图 5-73 所示。

步骤 12 弹出"画布样式"面板，❶选择一个背景；❷点击"全局应用"按钮，为所有的片段都设置相同的背景；❸点击"导出"按钮，如图 5-74 所示，导出视频。

图 5-72

图 5-73

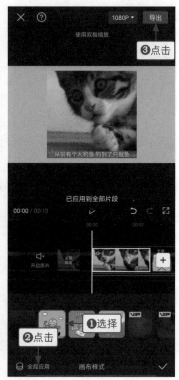

图 5-74

2. 用剪映电脑版制作

剪映电脑版的操作方法如下。

步骤 01 进入剪映电脑版首页，单击"图文成片"按钮，如图 5-75 所示。

步骤 02 弹出"图文成片"面板，单击"自由编辑文案"按钮，如图 5-76 所示。

图 5-75

图 5-76

步骤 03 ❶输入文案内容；❷设置朗读人声为"娱乐扒妹"；❸单击"生成视频"按钮；❹选择"智能匹配表情包"选项，如图 5-77 所示。

步骤 04 稍等片刻，即可生成视频，❶选择最后一段素材；❷单击"删除"按钮🗑，如图 5-78 所示，删除素材。

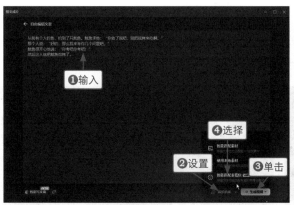
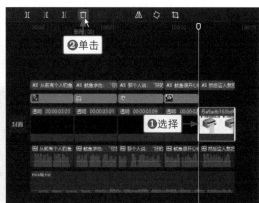

图 5-77 图 5-78

步骤 05 设置透明背景，❶在"素材库"选项卡中输入并搜索"透明"；❷在搜索结果中，单击所选透明素材右下角的"添加到轨道"按钮，如图 5-79 所示。

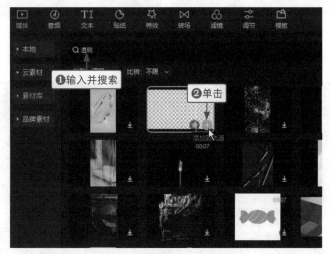

图 5-79

步骤 06 ❶单击"贴纸"按钮，进入"贴纸"功能区；❷输入并搜索"偷笑"；❸在搜索结果中，单击所选贴纸右下角的"添加到轨道"按钮，如图 5-80 所示，为视频添加表情包贴纸。

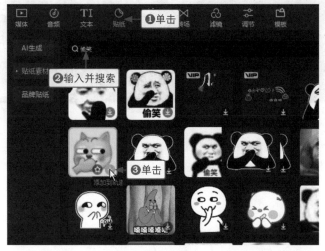

图 5-80

步骤 07 调整透明素材和表情包贴纸的末尾位置，使它们对齐音频素材的末尾位置，如图 5-81 所示。

步骤 08 选择文案素材，在"文本"操作区中更改文字的字体，如图 5-82 所示。

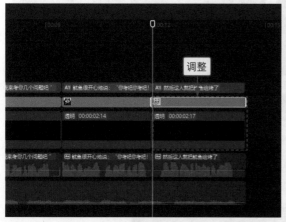

图 5-81 图 5-82

步骤 09 ❶切换至"花字"选项卡；❷选择一个花字样式，如图 5-83 所示。

图 5-83

步骤 10 改变视频的画面背景，选择透明素材，❶在"画面"操作区中，设置"背景填充"为一个卡通样式；❷单击"全部应用"按钮，为所有的片段都设置相同的背景，如图 5-84 所示。

图 5-84

课后实训：一键成片制作结婚纪念写真视频

效果展示 使用一键成片功能可以快速制作视频，效果展示如图 5-85 所示。

图 5-85

一键成片制作结婚纪念写真视频的操作方法如下。

步骤 01 打开剪映手机版，进入"剪辑"界面，点击"一键成片"按钮，如图 5-86 所示。

步骤 02 ❶在"照片视频"→"照片"选项卡中依次选择 6 张图片素材；❷点击"下一步"按钮，如图 5-87 所示。

步骤 03 进入相应的界面，选择喜欢的模板并生成视频，如图 5-88 所示。

图 5-86

图 5-87

图 5-88

步骤 04 如果对效果满意，❶点击右上角的"导出"按钮，弹出"导出设置"面板；❷点击 🖫 按钮，如图 5-89 所示。

步骤 05 导出成功后，点击"完成"按钮，如图 5-90 所示，把视频导出至本地相册中。

图 5-89

图 5-90

第 6 章　AI 制作商品图视频封面：《商品宣传》

在制作商品宣传视频的时候，有特色的商品图视频封面可以为商品带来更多的曝光和关注。本章将为大家介绍如何在剪映中通过 AI 生成商品图视频封面，该制作方法简单易行，非常适合新手小白。该制作方法不仅适用于个人创作者，对商家而言，在商品推广上也有一定的借鉴意义。

6.1 制作商品图

效果对比 目前，AI商品图功能仅可在剪映手机版中使用。在制作过程中，用户只需要选择心仪的样式，并调整商品的大小和添加文字即可，效果对比如图6-1所示。

图6-1

6.1.1 添加原始商品图素材

在制作商品图的时候，最好选择背景简洁的原始商品图素材。添加原始商品图素材的操作方法如下。

步骤 01 进入剪映手机版的"剪辑"界面，点击"展开"按钮，如图6-2所示。

步骤 02 展开功能面板，点击"AI商品图"按钮，如图6-3所示。

步骤 03 进入"照片视频"界面，❶选择一张原始商品图素材；❷点击"编辑"按钮，如图6-4所示。

步骤 04 进入"AI商品图"界面，如图6-5所示，在其中可以选择商品图的样式。

图6-2

图 6-3   图 6-4   图 6-5

6.1.2　选择商品图样式

剪映中的 AI 商品图样式非常丰富，用户可以根据商品类型，选择 AI 商品图的样式。本案例制作的是运动相机商品图，因此选择室外背景样式。选择 AI 商品图样式的操作方法如下。

步骤 01　在"AI 商品图"界面中有"年货节""圣诞节""热门""专业棚拍""纯色背景""质感台面""室外""室内""鲜花"等背景样式选项卡，如图 6-6 所示。

步骤 02　❶切换至"室外"选项卡；❷选择"皑皑雪山"选项，即可生成相应的背景，如图 6-7 所示。

步骤 03　❶点击商品图，进入"商品调整"界面，双指缩小商品图，长按拖曳至画面的右侧；❷点击☑按钮，如图 6-8 所示。

步骤 04　稍等片刻，会生成新的背景，如图 6-9 所示。

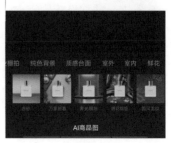

图 6-6

图 6-7

图 6-8

图 6-9

6.1.3 更改尺寸和添加商品名称

如果要制作横版视频的封面，那么就需要更改商品图的尺寸。为了宣传商品，还需要在商品图上添加商品的名称，突出主题。更改尺寸和添加商品名称的操作方法如下。

步骤 01 点击"去编辑"按钮，进入相应的界面，点击"尺寸"按钮，如图 6-10 所示。

步骤 02 弹出相应的面板，为了适应横版视频，❶选中"电商海报（横版）"单选按钮；❷点击"创建"按钮，如图 6-11 所示，更改尺寸。

步骤 03 点击"文字"按钮，如图 6-12 所示。

步骤 04 输入商品名称，如图 6-13 所示。

步骤 05 ❶切换至"样式"选项卡；❷设置"默认颜色"为黑色，改变文字的颜色来适应白色的背景，如图 6-14 所示。

步骤 06 ❶切换至"字体"选项卡；❷选择字体，如图 6-15 所示。

步骤 07 ❶切换至"排列"选项卡；❷设置"大小"参数为 17，缩小文字；❸设置"行间距"参数为 7，分散排列文字；❹调整文字的位置；❺点击✓按钮，如图 6-16 所示。

步骤 08 点击"导出"按钮，如图 6-17 所示。

步骤 09 导出成功之后，点击"完成"按钮，如图 6-18 所示。

图 6–10

图 6–11

图 6–12

图 6–13

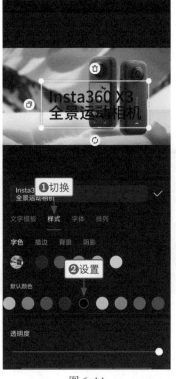

图 6–14

图 6–15

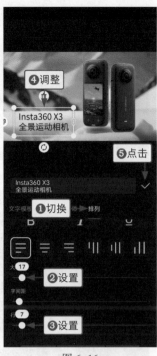

图 6-16

图 6-17

图 6-18

6.2 为视频添加商品图封面

效果展示 在成功制作商品图之后，就可以为商品宣传视频添加视频封面，以吸引观众，宣传商品，效果展示如图 6-19 所示。

图 6-19

6.2.1 用剪映手机版添加视频封面

在使用剪映手机版添加视频封面的时候，可以添加相册中的图片。剪映手机版的操作方法如下。

步骤 01 在剪映手机版中导入运动相机宣传视频，点击"设置封面"按钮，如图 6-20 所示。

步骤 02 进入相应的界面，点击"相册导入"按钮，如图 6-21 所示。

步骤 03 进入"最近项目"界面，选择商品图，如图 6-22 所示。

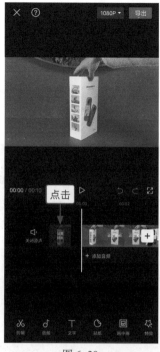

图 6-20

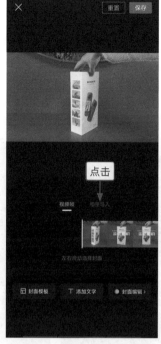

图 6-21

图 6-22

步骤 04 进入相应的界面，点击"确认"按钮，如图 6-23 所示。

步骤 05 稍等片刻，即可更改视频封面，点击"保存"按钮，如图 6-24 所示。

步骤 06 ❶设置视频封面成功；❷点击"导出"按钮，如图 6-25 所示，导出视频。

图 6-23

图 6-24

图 6-25

6.2.2 用剪映电脑版添加视频封面

在使用剪映电脑版添加视频封面时，除了可以选择视频中的某一帧画面作为视频封面，还可以添加本地文件夹中的图片作为视频封面。剪映电脑版的操作方法如下。

步骤 01 打开剪映电脑版，在"本地"选项卡中导入视频，单击视频右下角的"添加到轨道"按钮，把视频添加到视频轨道中，单击"封面"按钮，如图 6-26 所示。

步骤 02 弹出"封面选择"对话框，❶单击"本地"按钮，切换至"本地"选项卡；❷单击➕按钮，如图 6-27 所示。

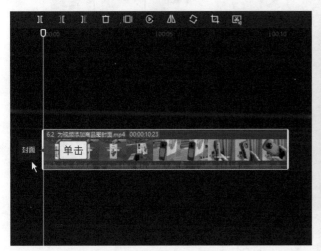

图 6-26

图 6-27

步骤 03 弹出"请选择封面图片"对话框，❶在相应的文件夹中选择商品图；❷单击"打开"按钮，如图 6-28 所示。

步骤 04 添加视频封面成功之后，单击"去编辑"按钮，如图 6-29 所示。

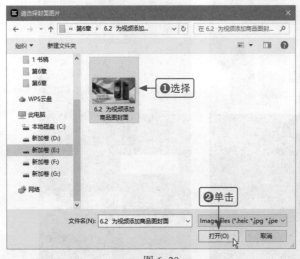

图 6-28

图 6-29

步骤 05 弹出"封面设计"对话框，单击"完成设置"按钮，如图 6-30 所示，即可更改视频封面。

图 6-30

课后实训: 制作饮料商品图

效果对比 在剪映中,用户还可以为饮料制作商品图,让商品更有吸引力,效果对比如图 6-31 所示。

图 6-31

制作饮料商品图的操作方法如下。

步骤 01 进入剪映手机版的"剪辑"界面,点击"AI 商品图"按钮,如图 6-32 所示。

步骤 02 进入"照片视频"界面,❶选择饮料图片素材;❷点击"编辑"按钮,如图 6-33 所示。

图 6-32

图 6-33

步骤 03 为了让画面更有吸引力，❶切换至"专业棚拍"选项卡；❷选择"水花飞溅"选项，即可生成相应的背景，如图 6-34 所示。

步骤 04 调整饮料的大小和位置，❶点击饮料图片，进入"商品调整"界面，双指缩小饮料；❷点击 ✔ 按钮，如图 6-35 所示。

图 6-34

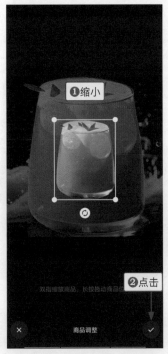

图 6-35

步骤 05 点击"去编辑"按钮，如图 6-36 所示。

步骤 06 进入相应的界面，点击"尺寸"按钮，如图 6-37 所示。

图 6-36   图 6-37

步骤 07 弹出相应的面板，❶选中"电商海报（竖版）"单选按钮；❷点击"创建"按钮，如图 6-38 所示，更改尺寸。

步骤 08 点击"导出"按钮，如图 6-39 所示，导出图片。

图 6-38   图 6-39

第 7 章　AI 剪同款和模板制作视频：《AI 写真》

　　剪映的剪同款和模板功能中有许多 AI 写真玩法，如果用户想快速地让图片中的人物进行 AI 变身，并制作成视频，就不能错过剪同款和模板功能，使用这些功能，可以快速制作 AI 写真视频，节省后期制作的时间。在制作视频的时候，如果没有制作出理想的画面效果，建议用户更换素材，或者进行再次生成。

7.1 制作簪花少女写真视频

在剪映手机版中用 AI 写真玩法可以快速制作簪花少女写真视频，除此之外，还可以用图片玩法生成簪花少女写真；在剪映电脑版中可以使用模板功能制作此类视频。本节将介绍相应内容。

7.1.1 用剪映手机版剪同款功能合成视频

效果展示 簪花少女是目前比较流行的一种 AI 写真玩法，可以让人物不用亲自换装和化妆，就能变身头戴鲜花的美女，效果展示如图 7-1 所示。

图 7-1

剪映手机版的操作方法如下。

步骤 01 进入剪映手机版的"剪辑"界面，点击"剪同款"按钮，如图 7-2 所示。

步骤 02 ❶切换至"AI 玩法"选项卡；❷选择一款簪花写真模板，如图 7-3 所示。

步骤 03 进入相应的界面，点击"剪同款"按钮，如图 7-4 所示。

步骤 04 进入"照片视频"界面，❶在"照片"选项卡中选择一张人物图片；❷点击"下一步"按钮，如图 7-5 所示。

步骤 05 稍等片刻，即可合成相应的 AI 写真视频，预览效果，如果对效果满意，点击"导出"按钮，如图 7-6 所示，导出视频。

步骤 06 弹出"导出设置"面板，点击 ![icon] 按钮，如图 7-7 所示。

步骤 07 导出成功之后，点击"完成"按钮，如图 7-8 所示。

图 7-2

图 7-3

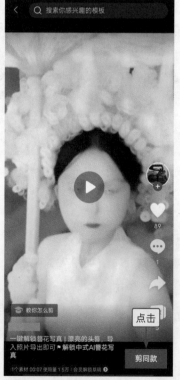

图 7-4

图 7-5

图 7-6   图 7-7   图 7-8

7.1.2 用剪映手机版智能创作写真图片

效果对比 在"AI 写真"选项卡中，有哥特少女、暗黑娃娃、簪花写真等类型可选，用户可以根据喜好进行选择，生成相应的写真图片，效果对比如图 7-9 所示。

图 7-9

剪映手机版的操作方法如下。

步骤 01 在剪映手机版中导入图片素材，❶选择图片素材；❷点击"抖音玩法"按钮，如图 7-10 所示。

步骤 02 弹出"抖音玩法"面板，❶切换至"AI 写真"选项卡；❷选择"簪花写真"选项，即可让图片中的人物实现 AI 变身，如图 7-11 所示。

图 7-10

图 7-11

步骤 03 点击■按钮，进入视频播放界面，进行截屏，如图 7-12 所示。

步骤 04 裁剪图片黑边，在手机本地相册中打开截屏图片，❶点击图片；❷在弹出的面板中点击"编辑"按钮，如图 7-13 所示。

图 7-12

图 7-13

步骤 05 在弹出的面板中点击"构图"按钮，如图 7-14 所示。

步骤 06 ❶切换至"裁剪"选项卡；❷拖曳上、下两侧的裁剪框，裁剪图片；❸点击 ✔ 按钮，如图 7-15 所示。

步骤 07 裁剪完成后，点击"保存"按钮，如图 7-16 所示，保存图片。

图 7-14

图 7-15

图 7-16

 手机的操作系统不同，裁剪图片的方法也存在差异，读者根据自己手机的操作系统进行裁剪即可。

7.1.3 用剪映电脑版模板功能制作视频

效果展示 目前，剪映电脑版中没有图片玩法或抖音玩法功能，所以无法合成 AI 写真。用户可以使用模板功能制作写真视频，不过需要提前准备好图片素材，效果展示如图 7-17 所示。

图 7-17

剪映电脑版的操作方法如下。

步骤 01 进入剪映电脑版首页，单击"模板"按钮，如图 7-18 所示，切换至"模板"选项卡。

步骤 02 ❶在搜索栏中输入并搜索"簪花少女"；❷在搜索结果中找到需要的模板，并单击"使用模板"按钮，如图 7-19 所示。

图 7-18

图 7-19

步骤 03 进入编辑界面，单击第 1 段素材上的"替换"按钮，如图 7-20 所示。

步骤 04 弹出"请选择媒体资源"对话框，❶在相应的文件夹中选择生成好的写真图片；❷单击"打开"按钮，如图 7-21 所示，替换素材。

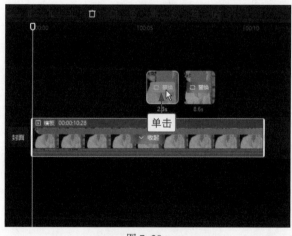

图 7-20

图 7-21

步骤 05 单击第 2 段素材上的"替换"按钮，如图 7-22 所示。

步骤 06 弹出"请选择媒体资源"对话框，❶在相应的文件夹中选择生成好的写真图片；❷单击"打开"按钮，如图 7-23 所示，替换同一个素材。

步骤 07 在视频的起始位置，❶单击"特效"按钮，进入"特效"功能区；❷切换至"金粉"选项卡；❸单击"仙女变身Ⅱ"特效右下角的"添加到轨道"按钮，如图 7-24 所示，添加开场特效。

步骤 08 ❶拖曳时间轴至视频 00:00:02:19 的位置；❷单击"向右裁剪"按钮，如图 7-25 所示，删除不需要的特效片段。

步骤 09 在"仙女变身Ⅱ"特效的末尾位置，单击"金粉闪闪"特效右下角的"添加到轨道"按钮
，如图 7-26 所示，继续添加特效。

步骤 10 调整"金粉闪闪"特效的时长，使其末尾位置对齐视频的末尾位置，如图 7-27 所示，增
加画面的氛围感。

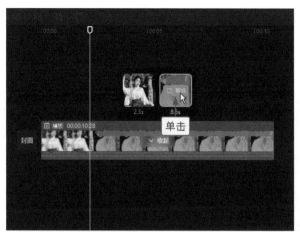

图 7-22

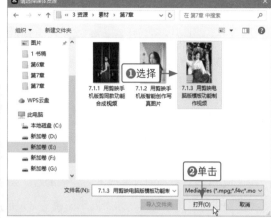

图 7-23

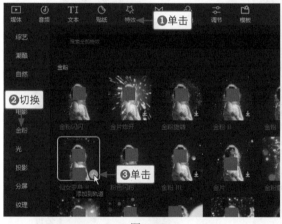

图 7-24

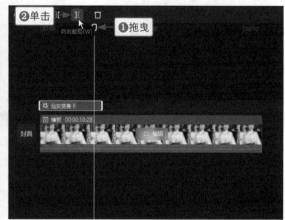

图 7-25

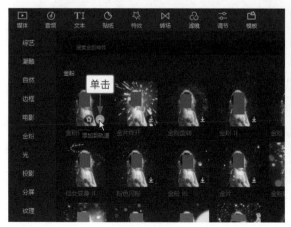

图 7-26

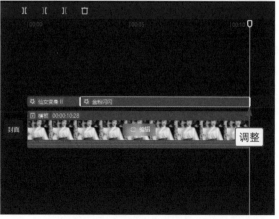

图 7-27

7.2 制作AI写真集视频

在剪映中除了可以制作单张写真的 AI 变身视频，还可以制作多张写真的 AI 写真集视频，操作也非常简单。本节将为大家介绍相应的制作技巧。

7.2.1 用剪映手机版剪同款功能生成视频

效果展示 用一张人物图片，如何生成几张不同容貌的脸？使用剪映手机版中的剪同款功能，就能一键生成 AI 写真集视频，生成不同容貌的脸。如果对生成的效果不满意，还可以替换素材，再次生成，或者再次进行剪同款制作，效果展示如图 7-28 所示。

图 7-28

剪映手机版的操作方法如下。

步骤 01 进入剪映手机版的"剪辑"界面，点击"剪同款"按钮，如图 7-29 所示，进入"剪同款"界面。

步骤 02 ❶在搜索栏中输入并搜索"一键生成 AI 写真集"；❷在搜索结果中选择一款模板，如图 7-30 所示。

步骤 03 进入相应的界面，点击"剪同款"按钮，如图 7-31 所示。

步骤 04 进入"照片视频"界面，❶在"照片"选项卡中选择一张人物图片；❷点击"下一步"按钮，如图 7-32 所示。

步骤 05　稍等片刻，即可合成相应的 AI 写真集视频。预览效果，如果对效果满意，点击"导出"按钮，如图 7-33 所示。

步骤 06　弹出"导出设置"面板，点击 🖫 按钮，如图 7-34 所示，导出制作好的 AI 写真集视频。

图 7-29

图 7-30

图 7-31

图 7-32

图 7-33

图 7-34

7.2.2 用剪映电脑版模板功能生成视频

效果展示 在使用剪映电脑版的模板功能处理图片时，需要按顺序依次替换写真图片，这样才能制作出精美的动态写真集视频，效果展示如图 7-35 所示。

图 7-35

剪映电脑版的操作方法如下。

步骤 01 进入剪映电脑版首页，单击"模板"按钮，如图 7-36 所示，切换至"模板"选项卡。

步骤 02 ❶在搜索栏中输入并搜索"AI 写真集一键生成"；❷在搜索结果中找到需要的模板，并单击"使用模板"按钮，如图 7-37 所示。

图 7-36

图 7-37

步骤 03 进入编辑界面，单击第 1 段素材上的"替换"按钮，如图 7-38 所示。

步骤 04 弹出"请选择媒体资源"对话框，❶在相应的文件夹中选择生成好的写真图片；❷单击"打开"按钮，如图 7-39 所示，替换素材。同理，按照顺序依次替换后面的 3 段素材，即可成功制作 AI 写真集视频。

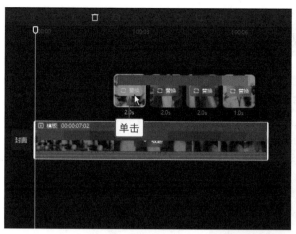

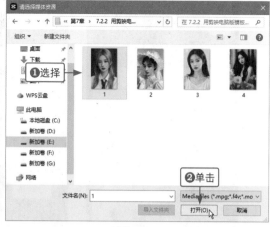

图 7-38

图 7-39

课后实训：**剪同款制作AI扩图视频**

效果展示 剪映中有 AI 扩图功能，但是使用该功能生成的图片没有效果对比。使用剪同款功能，就能制作有效果对比的 AI 扩图视频，画面更有动感，效果展示如图 7-40 所示。不过，目前 AI 扩图技术还不够完善，建议用户使用 AI 写真图片作为素材进行制作。

图 7-40

剪同款制作 AI 扩图视频的操作方法如下。

步骤 01 进入剪映手机版的"剪辑"界面，❶点击"剪同款"按钮；❷点击搜索栏，如图 7-41 所示。

步骤 02 ❶在搜索栏中输入并搜索"AI 扩图"；❷在搜索结果中选择一款模板，如图 7-42 所示。

步骤 03 进入相应的界面，点击"剪同款"按钮，如图 7-43 所示。

图 7-41

图 7-42

图 7-43

步骤 04　进入"照片视频"界面，❶在"照片"选项卡中选择一张写真图片；❷点击"下一步"
按钮，如图 7-44 所示。

步骤 05　稍等片刻，即可合成 AI 扩图视频。预览效果，如果对效果满意，点击"导出"按钮，如
图 7-45 所示。

步骤 06　弹出"导出设置"面板，点击█按钮，如图 7-46 所示，导出视频。

图 7-44

图 7-45

图 7-46

第 8 章　AI 文生图制作演示视频：《认识景别》

剪映更新了 AI 作图的功能，用户只需要输入相应的提示词，系统就能根据相应内容，生成 4 张图片。有了这个功能，我们可以省去画图的时间，在剪映中实现一键作图，还可以把生成的图片在剪映中进行编辑加工，制作成动态的视频。本章将为大家介绍如何使用 AI 实现文生图，制作演示视频。

8.1 使用剪映手机版制作演示视频

效果展示 本案例演示视频的主题是介绍景别，用户根据文案内容，通过 AI 作图生成相应的图片，并在剪映中进行加工，就能制作出动态的视频，效果展示如图 8-1 所示。

根据被摄物体在画面中呈现的范围大小 在拍摄时 根据需要选择适当的景别

图 8-1

8.1.1 在剪映手机版中生成视频文案

在确定视频主题后，用户可以使用剪映的图文成片功能，生成相应的文案，而文案中的关键词，可以方便用户在剪映中生成 AI 图片。在剪映手机版中生成视频文案的操作方法如下。

步骤 01 打开剪映手机版，进入"剪辑"界面，点击"图文成片"按钮，如图 8-2 所示。

步骤 02 进入"图文成片"界面，点击"自由编辑文案"按钮，如图 8-3 所示。

步骤 03 点击"智能写文案"按钮，如图 8-4 所示。

步骤 04 弹出"智能写文案"面板，选择"自定义输入"选项，如图 8-5 所示。

步骤 05 弹出相应面板，❶输入"景别是什么？180 字"；❷点击 ➡ 按钮，如图 8-6 所示。

步骤 06 稍等片刻，即可生成相应的文案结果，点击"使用"按钮，如图 8-7 所示。

步骤 07 长按文案，❶全选所有文案；❷在弹出的选项栏中点击"复制"按钮，如图 8-8 所示，即可复制文案。

图 8-2

图 8-3　　　　　　　　　　图 8-4　　　　　　　　　　图 8-5

图 8-6　　　　　　　　　　图 8-7　　　　　　　　　　图 8-8

8.1.2　在剪映手机版中进行 AI 作图

在使用 AI 作图功能时，用户可以输入自定义提示词进行绘图，也可以从剪映的灵感库中使用提示词进行绘图,在生成图片的时候,用户还可以根据需要设置图片的比例。在剪映手机版中进行 AI 作图的操作方法如下。

步骤 01 打开剪映手机版,进入"剪辑"界面,点击"AI 作图"按钮,如图 8-9 所示。

步骤 02 设置图片的尺寸,点击 按钮,如图 8-10 所示。

步骤 03 弹出"参数调整"面板,默认选择通用模型;❶选择"16 : 9"比例;❷设置"精细度"参数为 50;❸点击 ✓ 按钮,如图 8-11 所示。

图 8-9

图 8-10

图 8-11

步骤 04 ❶输入"电影构图,写实摄影"自定义提示词;❷点击"立即生成"按钮,如图 8-12 所示。

步骤 05 稍等片刻,剪映会生成 4 张图片,如果对效果不满意,可以点击"再次生成"按钮,如图 8-13 所示。

步骤 06 稍等片刻,剪映会再次生成 4 张图片,❶选择合适的图片;❷点击"超清图"按钮,如图 8-14 所示。

步骤 07 选择并放大图片后,点击"导出"按钮,如图 8-15 所示。

步骤 08 导出成功后,点击"完成"按钮,如图 8-16 所示,即可把图片导出至本地相册中。

步骤 09 使用剪映灵感库中的提示词生成图片,❶切换至"灵感"→"热门"选项卡;❷点击所选模板下方的"做同款"按钮,如图 8-17 所示。

步骤 10 提示词面板中会自动生成相应的模板提示词,设置图片的尺寸,点击 按钮,如图 8-18 所示。

步骤 11 弹出"参数调整"面板,默认选择通用模型,❶选择"16 : 9"比例;❷点击 ✓ 按钮,如图 8-19 所示。

步骤 12 点击"立即生成"按钮，剪映会生成 4 张图片，❶选择合适的图片；❷点击"超清图"按钮，如图 8-20 所示。

图 8-12

图 8-13

图 8-14

图 8-15

图 8-16

图 8-17

图 8-18

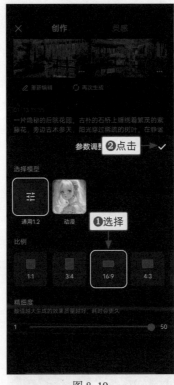

图 8-19

图 8-20

步骤 13 选择并放大图片后,点击"导出"按钮,如图 8-21 所示。

步骤 14 导出成功后,点击"完成"按钮,如图 8-22 所示。使用相同的操作方法,根据视频文案,在剪映的灵感库中选择合适的模板,选择和生成多张图片作为素材。

图 8-21

图 8-22

8.1.3　在剪映手机版中剪辑演示视频

生成 AI 图片之后，就可以在剪映中剪辑演示视频了。通过添加文案、转场和动画，可以让视频画面更有动感。在剪映手机版中剪辑演示视频的操作方法如下。

步骤 01　在剪映手机版中导入 AI 图片素材，点击"文字"按钮，如图 8-23 所示。

步骤 02　在弹出的二级工具栏中点击"智能文案"按钮，如图 8-24 所示。

步骤 03　弹出"智能文案"面板，❶输入"景别是什么？180 字"；❷点击 ➡ 按钮，如图 8-25 所示。

图 8-23　　　　　　　　　　图 8-24　　　　　　　　　　图 8-25

步骤 04　弹出进度提示，稍等片刻，生成文案内容，❶把之前生成的景别文案粘贴到面板中；❷点击"保存"按钮，如图 8-26 所示，保持文案内容基本不变。

步骤 05　点击"确认"按钮，如图 8-27 所示。

步骤 06　弹出相应的面板，❶选择"文本朗读"选项；❷点击"添加至轨道"按钮，如图 8-28 所示。

步骤 07　弹出"音色选择"面板，❶选择"解说小帅"选项；❷点击 ✓ 按钮，如图 8-29 所示。

步骤 08　修改文案样式，点击"批量编辑"按钮，如图 8-30 所示。

步骤 09　❶选择第 1 段文案；❷点击"Aa"按钮，如图 8-31 所示。

步骤 10　在"样式"选项卡中设置"字号"参数为 6，放大文字，如图 8-32 所示。

步骤 11　❶切换至"字体"→"热门"选项卡；❷选择字体；❸点击 ✓ 按钮，如图 8-33 所示。

步骤 12　给其他几段文案添加 AI 图片，点击 + 按钮，如图 8-34 所示。

步骤 13　进入"照片视频"界面，❶在"照片"选项卡中选择图片；❷选中"高清"复选框；❸点击"添加"按钮，如图 8-35 所示。

步骤 14 根据第 2 段文案的时长，❶调整图片素材的时长；❷再调整第 3 段文案的轨道位置，如图 8-36 所示。用同样的方法，根据文案内容，从相册中添加生成好的 AI 图片。

步骤 15 给素材之间添加转场，点击第 1 段素材与第 2 段素材之间的转场按钮 Ⅰ，如图 8-37 所示。

图 8-26

图 8-27

图 8-28

图 8-29

图 8-30

图 8-31

图 8-32

图 8-33

图 8-34

图 8-35

图 8-36

图 8-37

步骤 16 在"运镜"选项卡中选择"左下角Ⅱ"转场，如图 8-38 所示。同理，为其他素材之间依次添加"叠化"转场、"闪黑"转场和"雾化"转场。

步骤 17 为了让图片更有动感，❶选择第 1 段素材；❷点击"动画"按钮，如图 8-39 所示。

步骤 18 弹出"动画"面板，❶切换至"组合动画"选项卡；❷选择"缩放"选项，如图 8-40 所示。同理，为其他素材添加"荡秋千""旋入晃动""波动放大""形变右缩""荡秋千Ⅱ""荡秋千""左拉镜""向右缩小""缩放Ⅱ"和"小火车Ⅲ"动画。

图 8-38

图 8-39

图 8-40

8.2 使用剪映电脑版制作演示视频

效果展示 由于剪映电脑版没有 AI 作图功能，本案例直接介绍演示视频的制作过程，效果展示如图 8-41 所示。

图 8-41

8.2.1 在剪映电脑版中导入图片素材

由于制作的视频是横版视频,导入的图片素材比例最好是一致的,这样制作的视频画面会更和谐。
在剪映电脑版中导入图片素材的操作方法如下。

步骤 01 进入剪映电脑版视频编辑界面,在"本地"选项卡中单击"导入"按钮,如图 8-42 所示。

步骤 02 弹出"请选择媒体资源"对话框,❶在相应的文件夹中,按【Ctrl + A】组合键全选所有
图片;❷单击"打开"按钮,如图 8-43 所示。

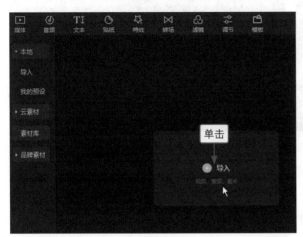

图 8-42

图 8-43

步骤 03 单击第 1 个图片素材右下角的"添加到轨道"按钮 ,如图 8-44 所示。

步骤 04 依次把所有图片素材添加到视频轨道中,如图 8-45 所示。

图 8-44

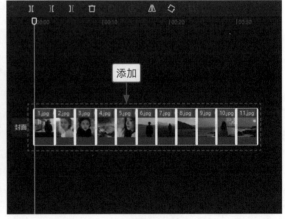

图 8-45

8.2.2 在剪映电脑版中制作视频字幕

在为视频配音时,可以使用剪映中的文本朗读功能制作配音音频;在添加字幕时,可以使用文稿匹
配功能快速添加。在剪映电脑版中制作视频字幕的操作方法如下。

步骤 01 ❶单击"文本"按钮，进入"文本"功能区；❷单击"默认文本"右下角的"添加到轨道"按钮，如图 8-46 所示，添加文本素材。

步骤 02 在"文本"操作区中输入视频文案，如图 8-47 所示。

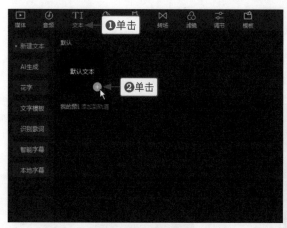

图 8-46

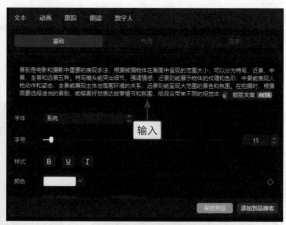

图 8-47

步骤 03 ❶单击"朗读"按钮，进入"朗读"操作区；❷选择"解说小帅"选项；❸单击"开始朗读"按钮，如图 8-48 所示。

步骤 04 稍等片刻，即可生成配音音频，❶选择文本素材；❷单击"删除"按钮，如图 8-49 所示。

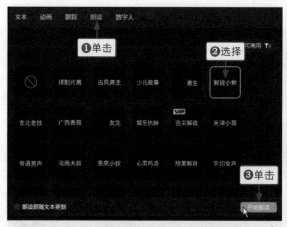

图 8-48

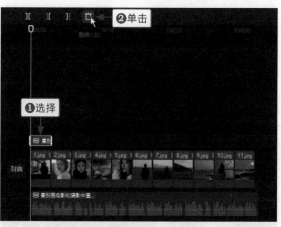

图 8-49

步骤 05 ❶在"文本"功能区中切换至"智能字幕"选项卡；❷在"文稿匹配"选项区中单击"开始匹配"按钮，如图 8-50 所示。

步骤 06 弹出"输入文稿"对话框，❶输入演示视频对应的文案；❷单击"开始匹配"按钮，如图 8-51 所示，即可生成视频字幕。

步骤 07 选择第 1 段字幕，❶在"文本"操作区中更改字体；❷设置"字号"参数为 6，如图 8-52 所示。

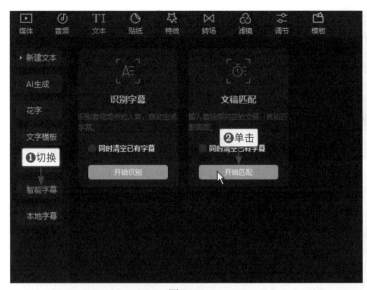

图 8-50 图 8-51

图 8-52

8.2.3 在剪映电脑版中编辑演示视频

在添加配音音频和字幕之后，还需要为视频添加转场和动画，让图片素材之间过渡得更自然，画面更有动感。在剪映电脑版中编辑演示视频的操作方法如下。

步骤 01 单击字幕轨道上的"锁定轨道"按钮🔒，锁定字幕轨道，❶根据字幕的时长，调整每段图片素材的时长；❷单击字幕轨道上的"解锁轨道"按钮🔓，解锁字幕轨道，如图 8-53 所示。这样处理后，字幕就可以不随图片素材的变动而变动轨道位置。

图 8-53

步骤 02 给素材之间添加转场，拖曳时间轴至第 1 段图片素材与第 2 段图片素材之间的位置，如图 8-54 所示。

步骤 03 ❶单击"转场"按钮，进入"转场"功能区；❷切换至"运镜"选项卡；❸单击"左下角Ⅱ"转场右下角的"添加到轨道"按钮，如图 8-55 所示，添加转场，让图片素材过渡得更自然。

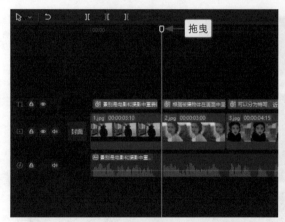

图 8-54

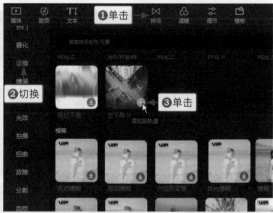

图 8-55

步骤 04 拖曳时间轴至第 2 段图片素材与第 3 段图片素材之间的位置，如图 8-56 所示。

步骤 05 ❶切换至"叠化"选项卡；❷单击"叠化"转场右下角的"添加到轨道"按钮，如图 8-57 所示，继续添加转场。同理，为其他图片素材之间依次添加"闪黑"转场和"雾化"转场。

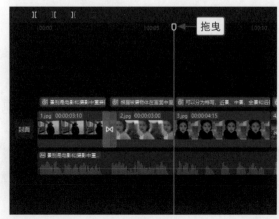

图 8-56

图 8-57

步骤 06　选择第 1 段图片素材，❶单击"动画"按钮，进入"动画"操作区；❷切换至"组合"选
项卡；❸选择"缩放"动画，如图 8-58 所示。同理，为其他图片素材添加"荡秋千""旋
入晃动""波动放大""形变右缩""荡秋千Ⅱ""荡秋千""左拉镜""向右缩小""缩放Ⅱ"
和"小火车Ⅲ"动画。

图 8-58

课后实训：使用AI作图功能生成摄影照片

效果展示　剪映的 AI 作图功能不仅可以作画，还可以生成摄影照片，效果展示如图 8-59 所示。

图 8-59

使用 AI 作图功能生成摄影照片的操作方法如下。

步骤 01　打开剪映手机版，进入"剪辑"界面，点击"AI 作图"按钮，进入相应界面，如图 8-60
所示。

步骤 02　❶在提示词面板中输入"远处的雪山，低饱和度，复古电影感，写实摄影，摄影照片"自
定义提示词；❷点击 按钮，如图 8-61 所示。

图 8-60

图 8-61

步骤 03 弹出"参数调整"面板，默认选择通用模型；❶选择"16∶9"比例；❷设置"精细度"
参数为 50；❸点击 ✅ 按钮，如图 8-62 所示。

步骤 04 点击"立即生成"按钮，剪映会生成 4 张摄影照片，如图 8-63 所示。

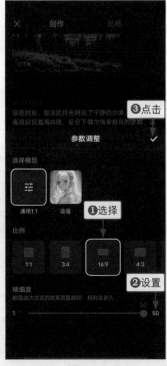

图 8-62

图 8-63

第 9 章　AI 文生视频制作宣传视频：《长沙美食》

城市宣传视频可以为城市招商引资，还能起到文旅推广和形象展示的作用。宣传视频不用太长，主要展示重要的城市文化符号，让观众发现城市的美。本案例是以城市美食为主题，在制作宣传视频的时候，可以使用剪映中的图文成片功能以文生视频，并在剪映中进行后期编辑，制作出一段完整的宣传视频。

9.1 使用剪映手机版制作宣传视频

效果展示 在制作宣传视频的时候，图文成片功能生成的部分画面可能模糊，或不贴合主题，在剪映中可以编辑和更改视频内容，效果展示如图 9-1 所示。

图 9-1

9.1.1 在剪映手机版中生成文案

在生成文案的时候，用户需要输入精准的提示词，提示词要紧扣要点，并尽量简练，这样生成的文案才不会偏离主题。在剪映手机版中生成文案的操作方法如下。

步骤 01 打开剪映手机版，进入"剪辑"界面，点击"图文成片"按钮，如图 9-2 所示。

步骤 02 进入"图文成片"界面，点击"自由编辑文案"按钮，如图 9-3 所示。

步骤 03 点击"智能写文案"按钮，如图 9-4 所示。

步骤 04 弹出"智能写文案"面板，选择"自定义输入"选项，如图 9-5 所示。

步骤 05　弹出相应的面板，❶输入"写一篇关于介绍长沙美食的文案，200 字"；❷点击 ➡ 按钮，如图 9-6 所示。

步骤 06　稍等片刻，即可生成文案，点击"使用"按钮，如图 9-7 所示。

图 9-2

图 9-3

图 9-4

图 9-5

图 9-6

图 9-7

9.1.2 在剪映手机版中生成视频

生成文案之后，就可以生成相应的视频。在剪映手机版中生成视频的操作方法如下。

步骤 01 检查文案无误后，点击"应用"按钮，如图 9-8 所示。

步骤 02 弹出"请选择成片方式"面板，选择"智能匹配素材"选项，如图 9-9 所示。

步骤 03 界面中弹出进度提示，如图 9-10 所示。

步骤 04 稍等片刻，即可生成视频，如图 9-11 所示。

图 9-8

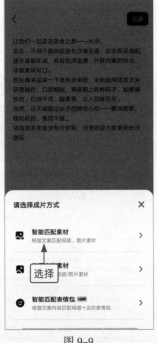

图 9-9

图 9-10

图 9-11

9.1.3 在剪映手机版中编辑视频

生成视频之后，如果对素材不满意，可以替换素材，也可以为素材添加动画，让画面变得更有动感。在剪映手机版中编辑视频的操作方法如下。

步骤 01 ❶选择第 1 段文案；❷点击"编辑"按钮，如图 9-12 所示。

步骤 02 ❶在"字体"→"可爱"选项卡中选择合适的字体；❷点击✔按钮，如图 9-13 所示。

步骤 03 替换画面模糊的素材，❶选择第 1 段素材；❷点击"替换"按钮，如图 9-14 所示。

图 9-12

图 9-13

图 9-14

步骤 04 ❶在搜索栏中输入并搜索"长沙美食广场"；❷在"图片素材"→"照片"选项卡中选择合适的素材进行替换，如图 9-15 所示。

步骤 05 ❶点击第 2 段素材；❷切换至"照片视频"→"照片"选项卡；❸在本地相册中选择素材进行替换，如图 9-16 所示。

步骤 06 ❶点击第 4 段素材；❷在"照片视频"→"照片"选项卡中选择合适的素材进行替换，如图 9-17 所示。

步骤 07 ❶点击第 5 段素材；❷在"照片视频"→"照片"选项卡中选择合适的素材进行替换，如图 9-18 所示。

步骤 08 ❶点击第 7 段素材；❷在"照片视频"→"照片"选项卡中选择合适的素材进行替换，如图 9-19 所示。

步骤 09 ❶点击第 8 段素材；❷在"照片视频"→"照片"选项卡中选择合适的素材进行替换，如图 9-20 所示。对第 9 段素材也进行同样的素材替换处理。

步骤 10 ❶点击第 10 段素材；❷切换至"视频素材"选项卡；❸输入并搜索"龙虾"；❹在搜索结果中选择合适的素材进行替换，如图 9-21 所示。

图 9-15

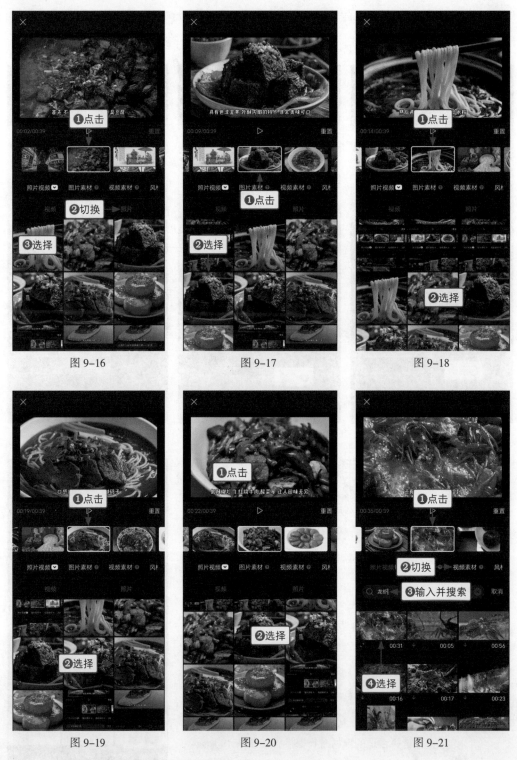

图 9-16　　　　　　　　　图 9-17　　　　　　　　　图 9-18

图 9-19　　　　　　　　　图 9-20　　　　　　　　　图 9-21

步骤 11　❶点击第 11 段素材；❷切换至"照片视频"→"视频"选项卡；❸在本地相册中选择合适的素材进行替换；❹点击██按钮，如图 9-22 所示。

步骤 12　继续编辑视频，点击"导入剪辑"按钮，如图 9-23 所示。

步骤 13　调整素材的画面大小，❶选择第 1 段素材；❷放大素材；❸点击"动画"按钮，如图 9-24 所示。

图 9-22

图 9-23

图 9-24

步骤 14 ❶在"入场动画"选项卡中选择"动感放大"选项；❷点击☑️按钮，如图 9-25 所示。

步骤 15 给素材之间添加转场，点击第 1 段素材与第 2 段素材之间的转场按钮 I ，如图 9-26 所示。

步骤 16 ❶在"叠化"选项卡中选择"叠化"选项；❷点击"全局应用"按钮，把转场效果应用到所有素材之间，如图 9-27 所示。

图 9-25

图 9-26

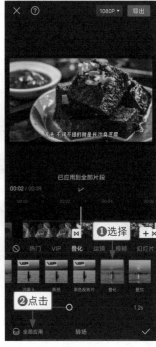
图 9-27

9.2 使用剪映电脑版制作宣传视频

效果展示 在替换素材的时候，可以使用剪映素材库中的素材，也可以使用本地的素材，来制作出理想的效果，让视频画面更有吸引力，效果展示如图 9-28 所示。

图 9-28

9.2.1 在剪映电脑版中生成文案

在剪映电脑版中，使用图文成片功能生成的文案，只能进行复制，不能进行更改。所以，如果用户对生成的文案不满意，可以重新生成，直到生成满意的文案为止。在剪映电脑版中生成文案的操作方法如下。

步骤 01 进入剪映电脑版首页，单击"图文成片"按钮，如图 9-29 所示。

步骤 02 弹出"图文成片"面板，单击"自由编辑文案"按钮，如图 9-30 所示。

图 9-29   图 9-30

步骤 03 单击"智能写文案"按钮，如图 9-31 所示。

步骤 04 默认选中"自定义输入"单选按钮，❶输入"写一篇关于介绍长沙美食的文案，200 字"；❷单击 ➜ 按钮，如图 9-32 所示。

图 9-31

图 9-32

步骤 05 稍等片刻，生成文案结果，如图 9-33 所示，由于剪映每次生成的文案都有差别，本章后面的操作可能会有细微变动，不过思路是不变的，读者可以根据实际情况进行调整。

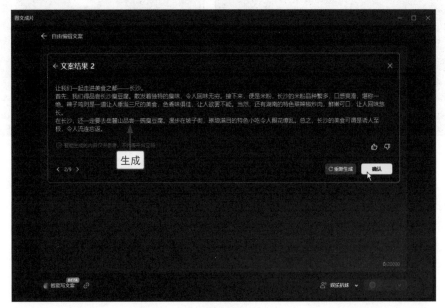

图 9-33

9.2.2 在剪映电脑版中生成视频

在宣传视频中，可以选择一些感情充沛的朗读人声制作配音音频。在剪映电脑版中生成视频的操作方法如下。

步骤 01 确认文案后，单击"确认"按钮，❶单击展开按钮 ；❷在弹出的列表中选择"甜美解说"选项，如图 9-34 所示，更改朗读人声。

步骤 02 ❶单击"生成视频"按钮；❷选择"智能匹配素材"选项，如图 9-35 所示。

步骤 03 弹出视频生成进度提示，如图 9-36 所示。

步骤 04 稍等片刻，即可生成视频，如图 9-37 所示。

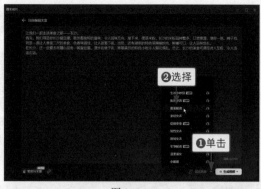

图 9-34

图 9-36

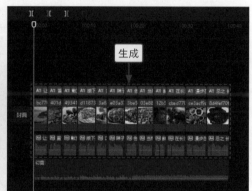

图 9-35

图 9-37

9.2.3 在剪映电脑版中编辑视频

为了让视频画面与文案更加匹配，可以替换部分素材，并进行编辑处理，让画面更好看，从而实现音画和谐统一。在剪映电脑版中编辑视频的操作方法如下。

步骤 01 更改文字的字体，选择第 2 段文案，在"文本"操作区中设置合适的字体，如图 9-38 所示。

图 9-38

在剪映中，部分字体不能商用，为了避免侵权，用户最好使用可商用的字体，朗读人声也有许多可商用的，可以放心使用。

步骤 02 替换一些画质模糊的素材，进入"媒体"功能区，在"本地"选项卡中单击"导入"按钮，如图 9-39 所示。

步骤 03 弹出"请选择媒体资源"对话框，❶在相应的文件夹中，按【Ctrl + A】组合键全选所有图片；❷单击"打开"按钮，如图 9-40 所示，导入素材。

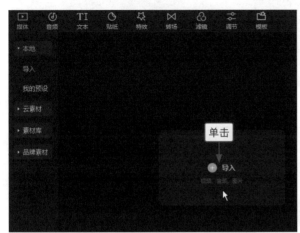

图 9-39

图 9-40

步骤 04 替换第 1 段素材，在"本地"选项卡中选中图片 1 素材，如图 9-41 所示。

步骤 05 将图片 1 素材拖曳至第 1 段素材的上方，如图 9-42 所示，释放鼠标。

图 9-41

图 9-42

步骤 06 弹出"替换"对话框，单击"替换片段"按钮，如图 9-43 所示，替换素材。

步骤 07 ❶右击第 2 段素材；❷在弹出的快捷菜单中选择"替换片段"选项，如图 9-44 所示。

步骤 08 弹出"请选择媒体资源"对话框，❶在相应的文件夹中，选择图片 2 素材；❷单击"打开"按钮，如图 9-45 所示。

步骤 09 弹出"替换"对话框，单击"替换片段"按钮，如图 9-46 所示，替换素材。

图 9-43

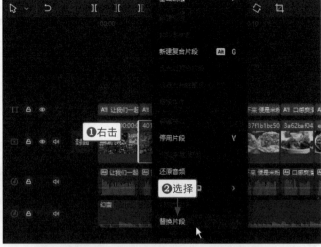

图 9-44

图 9-45

图 9-46

步骤 10 通过拖曳替换素材的方法，将剩下的素材替换为"本地"选项卡中的素材，如图 9-47 所示。

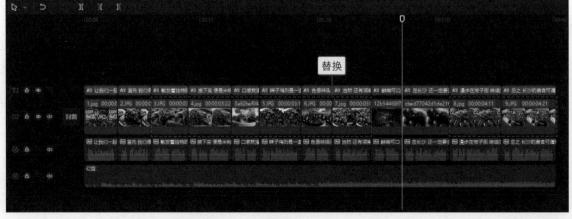

图 9-47

步骤 11 由于替换的素材是静止的，为了让画面变得有动感一些，可以为素材添加动画，选择第 1 段素材，如图 9-48 所示。

步骤 12 ❶单击"动画"按钮，进入"动画"操作区；❷选择"向右甩入"入场动画；❸设置"动画时长"参数为 1.5s，如图 9-49 所示。根据喜好为剩下的素材添加合适的入场动画，并设置相应的"动画时长"参数。

"动画"操作区中有入场动画、出场动画和组合动画，用户可以根据需要进行选择。

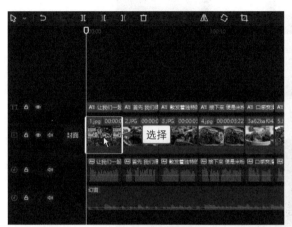

图 9-48

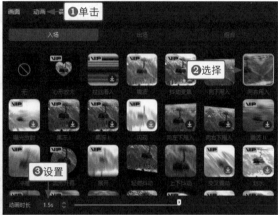

图 9-49

步骤 13 给素材之间添加转场，拖曳时间轴至第 1 段素材与第 2 段素材之间的位置，如图 9-50 所示。

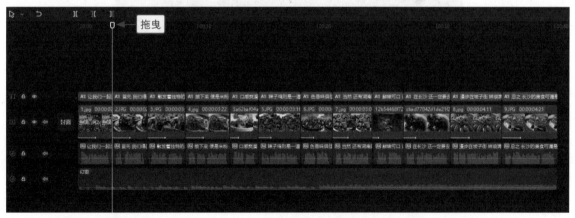

图 9-50

步骤 14 ❶单击"转场"按钮，进入"转场"功能区；❷切换至"叠化"选项卡；❸单击"叠化"转场右下角的"添加到轨道"按钮，如图 9-51 所示，添加转场。

步骤 15 在"转场"操作区中单击"应用全部"按钮，把转场效果应用到所有素材之间，如图 9-52 所示。

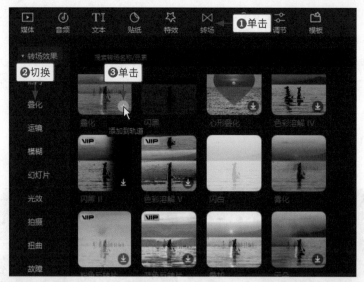

图 9-51

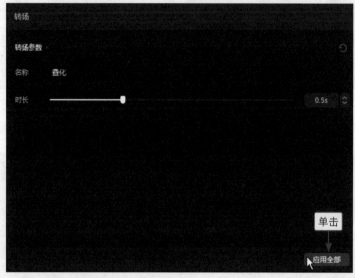

图 9-52

课后实训：输入提示词写营销广告文案

当用户面对一个 Pad（平板电脑）产品，如何快速写出营销广告文案？在剪映手机版中，可以使用图文成片功能快速生成。输入提示词写营销广告文案的操作方法如下。

步骤 01 打开剪映手机版，进入"剪辑"界面，点击"图文成片"按钮，如图 9-53 所示。

步骤 02 进入"图文成片"界面，选择"营销广告"选项，如图 9-54 所示。

步骤 03 稍等片刻，即可进入"营销广告"界面，❶输入"产品名"为"Pad"，"产品卖点"为"轻薄，大电池，大屏幕"；❷设置"视频时长"为"1 分钟左右"；❸点击"生成文案"按钮，如图 9-55 所示。

图 9-53

图 9-54

图 9-55

步骤 04 稍等片刻，即可生成相应的文案结果，点击编辑按钮 ✐ ，如图 9-56 所示。

步骤 05 ❶长按全选所有文案；❷在弹出的选项栏中点击"复制"按钮，如图 9-57 所示，即可复制文案。

图 9-56

图 9-57

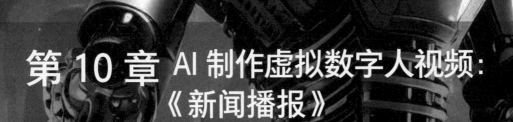

第 10 章 AI 制作虚拟数字人视频：《新闻播报》

近年来，短视频行业呈现出爆发式增长趋势，短视频成为一种广受欢迎的内容形式，并逐渐取代长视频，成为人们获取信息的主要途径。如何不用真人出镜制作人像短视频呢？剪映的数字人技术可以满足这一需求，数字人可以变身为视频博主，轻松打造不同风格的虚拟形象。本章将介绍使用剪映手机版和电脑版制作数字人视频的技巧。

10.1 使用剪映手机版制作数字人视频

效果展示 数字人也叫虚拟主播，其优势在于能够代替真人出镜，克服拍摄过程中可能遇到的各种难题和限制，使视频内容更富有亲和力，可以说数字人技术影响了视频制作，打造了一个全新的视频运营模式，效果展示如图 10-1 所示。

今年的国庆假期将从10月1日开始~10月7日结束 同时也提醒广大市民注意天气变化

图 10-1

10.1.1 在剪映手机版中生成新闻文案

在制作数字人视频之前，需要设置视频背景和生成文案。在生成文案之前，用户需要先确定视频主题，再根据主题输入提示词。在剪映手机版中生成新闻文案的操作方法如下。

步骤 01 打开剪映手机版，进入"剪辑"界面，点击"开始创作"按钮，如图 10-2 所示。

步骤 02 ❶切换至"素材库"选项卡；❷点击搜索栏，如图 10-3 所示。

步骤 03 ❶输入并搜索"新闻背景图"；❷在搜索结果中选择素材；❸选中"高清"复选框；❹点击"添加"按钮，如图 10-4 所示，即可添加背景素材。

步骤 04 生成新闻文案，点击"文字"按钮，如图 10-5 所示。

步骤 05 在弹出的二级工具栏中点击"智能文案"按钮，如图 10-6 所示。

步骤 06 弹出"智能文案"面板，❶输入"新闻播报，公布国庆放假时间"；❷点击 ➡ 按钮，如图 10-7 所示。

步骤 07 弹出进度提示，稍等片刻，即可生成文案内容，点击"确认"按钮，如图 10-8 所示。

图 10-2

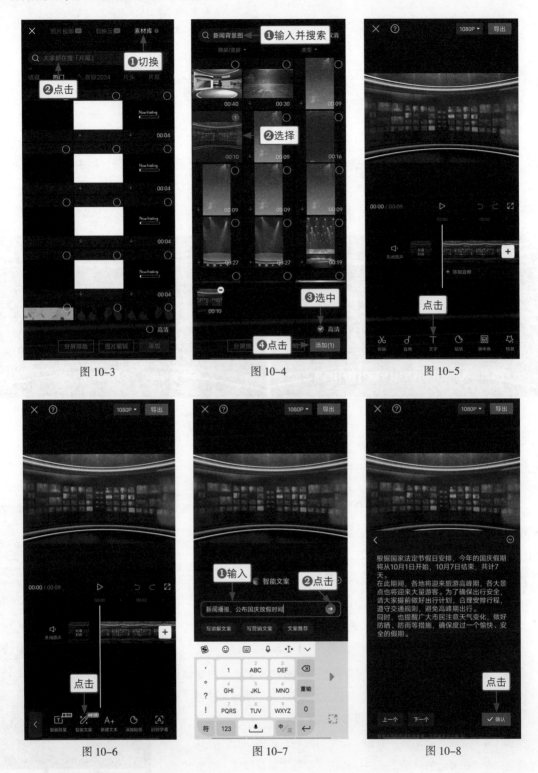

图 10-3　　　　　　　　　　图 10-4　　　　　　　　　　图 10-5

图 10-6　　　　　　　　　　图 10-7　　　　　　　　　　图 10-8

10.1.2　在剪映手机版中生成数字人视频

在剪映手机版中生成数字人视频的方法非常简单，用户只需要选择合适的数字人形象，就可以生成一段数字人视频。在剪映手机版中生成数字人视频的操作方法如下。

步骤 01 确认文案后，弹出相应的面板，❶选择"添加数字人"选项；❷点击"添加至轨道"按钮，如图 10-9 所示。

步骤 02 弹出"添加数字人"面板，❶选择"小铭 – 专业"选项；❷点击☑按钮，如图 10-10 所示。

图 10-9

图 10-10

步骤 03 界面中弹出自动拆句提示，如图 10-11 所示。

步骤 04 稍等片刻，即可成功渲染数字人，如图 10-12 所示。

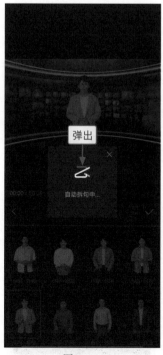

图 10-11

图 10-12

10.1.3　在剪映手机版中编辑数字人视频

生成数字人视频之后，还需要编辑字幕，设置相应的文字样式和调整视频的背景，让视频更完整。在剪映手机版中编辑数字人视频的操作方法如下。

步骤 01　编辑字幕，点击"批量编辑"按钮，如图 10-13 所示。

步骤 02　❶选择第 1 段字幕；❷点击"Aa"按钮，如图 10-14 所示。

步骤 03　❶切换至"字体"→"基础"选项卡；❷选择合适的字体，如图 10-15 所示。

步骤 04　❶切换至"样式"选项卡；❷设置"字号"参数为 6，略微放大文字；❸点击 ✓ 按钮，如图 10-16 所示。

图 10-13

图 10-14

图 10-15

图 10-16

步骤 05　给其他数字人素材添加背景素材，❶选择背景素材；❷点击"复制"按钮，如图 10-17 所示，复制背景素材。

步骤 06　再次点击"复制"按钮，继续复制背景素材，调整最后一段背景素材的时长，使其末尾位置对齐数字人素材的末尾位置，如图 10-18 所示。

图 10-17

图 10-18

10.2　使用剪映电脑版制作数字人视频

效果展示　在剪映电脑版中可以生成数字人形象，还可以为其添加字幕和设置背景，来制作出符合需求的数字人视频，效果展示如图 10-19 所示。

图 10-19

10.2.1　在剪映电脑版中添加新闻背景素材

在剪映电脑版中，用户可以通过输入关键词从素材库中搜索想要的背景素材，如果背景素材中含有音乐，还需要设置为静音。在剪映电脑版中添加新闻背景素材的操作方法如下。

> **步骤 01**　进入剪映电脑版的"媒体"功能区，❶切换至"素材库"选项卡；❷在搜索栏中输入并搜索"新闻背景"；❸在搜索结果中单击所选素材右下角的"添加到轨道"按钮，如图10-20所示，添加新闻背景素材。

> **步骤 02**　单击"关闭原声"按钮，设置新闻背景素材为静音，如图10-21所示。

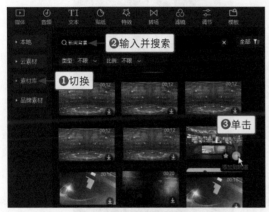

图 10-20

图 10-21

10.2.2　在剪映电脑版中生成数字人视频

在剪映电脑版中，用户可以通过更改文案内容的方式，来生成与文案适配的数字人视频。在剪映电脑版中生成数字人视频的操作方法如下。

> **步骤 01**　❶单击"文本"按钮，进入"文本"功能区；❷单击"默认文本"右下角的"添加到轨道"按钮，如图10-22所示。

> **步骤 02**　❶单击"数字人"按钮，进入"数字人"操作区；❷选择"小铭－专业"选项；❸单击"添加数字人"按钮，如图10-23所示，生成数字人视频。

图 10-22

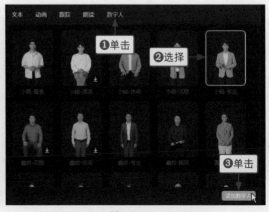

图 10-23

步骤 03 删除不需要的文本，❶选择"默认文本"；❷单击"删除"按钮🗑，如图 10-24 所示，删除文本。

步骤 04 选择数字人素材，❶单击"文案"按钮，进入"文案"操作区；❷输入新闻文案；❸单击"确认"按钮，如图 10-25 所示。

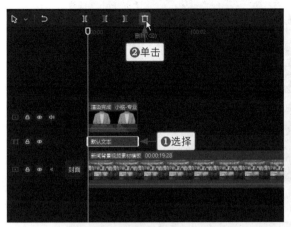

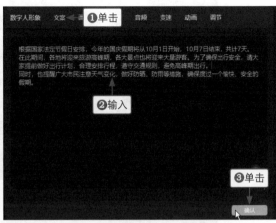

图 10-24   图 10-25

步骤 05 稍等片刻，即可渲染一段新的数字人视频，其中含有动态的数字人形象和文案解说音频，如图 10-26 所示。

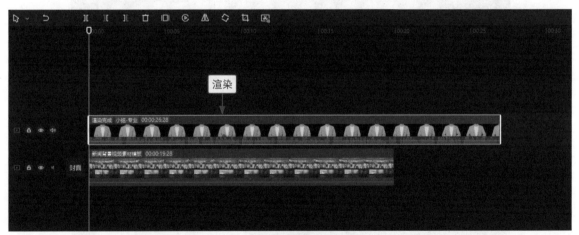

图 10-26

10.2.3 在剪映电脑版中编辑数字人视频

为了让数字人与背景相匹配，可以调整数字人素材的画面大小和位置；可以添加蒙版，让画面更和谐；也可以为字幕设置样式。在剪映电脑版中编辑数字人视频的操作方法如下。

步骤 01 为了让数字人更适配背景，调整数字人素材的画面大小和位置，如图 10-27 所示。

步骤 02 进行添加蒙版处理，遮挡数字人的下半身。选择背景素材，按【Ctrl + C】组合键复制背景素材，按【Ctrl + V】组合键粘贴背景素材，❶调整其轨道位置，使其处于第 2 条画中画轨道；❷单击"关闭原声"按钮🔊，设置背景素材为静音，如图 10-28 所示。

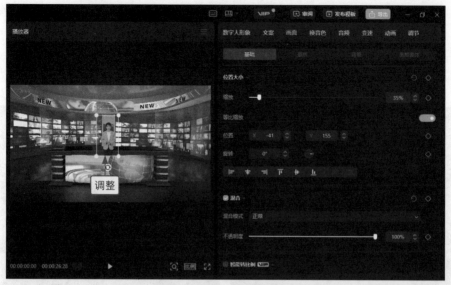

图 10-27

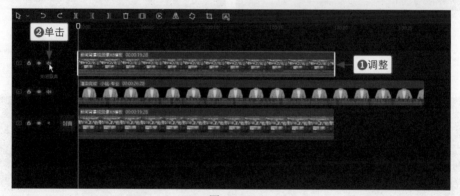

图 10-28

步骤 03 ❶切换至"蒙版"选项卡；❷选择"线性"蒙版；❸调整蒙版线的位置；❹单击"反转"按钮，遮挡住数字人的下半身，如图 10-29 所示。

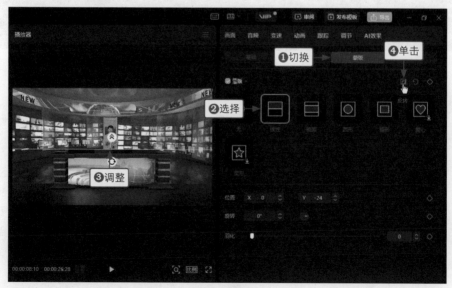

图 10-29

步骤 04 为其他数字人素材添加背景素材，❶选择第 2 条画中画轨道中的背景素材，按【Ctrl + C】组合键复制背景素材；❷在背景素材的后面按【Ctrl + V】组合键粘贴背景素材；❸在数字人素材的后面单击"向右裁剪"按钮▐▌，如图 10-30 所示，分割并删除多余的背景素材。

步骤 05 继续添加背景素材，❶选择视频轨道中的背景素材，按【Ctrl + C】组合键复制背景素材；❷在背景素材的后面按【Ctrl + V】组合键粘贴背景素材；❸在数字人素材的后面单击"向右裁剪"按钮▐▌，如图 10-31 所示，继续分割并删除多余的背景素材。

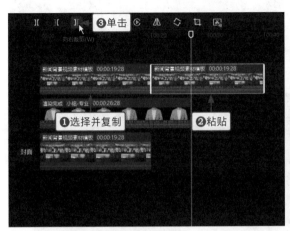
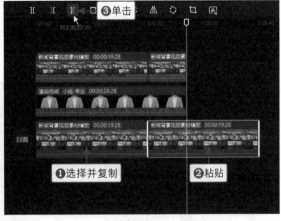

图 10-30   图 10-31

步骤 06 添加字幕，❶单击"贴纸"按钮，进入"贴纸"功能区；❷在搜索栏中输入并搜索"新闻"；❸在搜索结果中单击所选贴纸右下角的"添加到轨道"按钮■，如图 10-32 所示。

步骤 07 添加贴纸之后，调整贴纸的时长，使其对齐视频的时长，如图 10-33 所示。

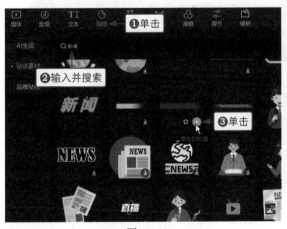
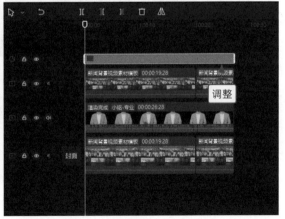

图 10-32   图 10-33

步骤 08 ❶单击"文本"按钮，进入"文本"功能区；❷切换至"智能字幕"选项卡；❸在"识别字幕"选项区中单击"开始识别"按钮，如图 10-34 所示。

步骤 09 稍等片刻，即可为视频添加字幕，如图 10-35 所示。

步骤 10 ❶在"播放器"面板中调整贴纸的画面大小和位置；❷选择字幕，在"文本"操作区中设置合适的字体；❸单击"导出"按钮，导出视频，如图 10-36 所示。

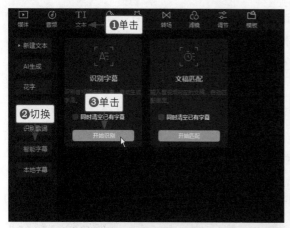

图 10-34 　　　　　　　　　　　　　　　　　图 10-35

图 10-36

课后实训: 制作竖版数字人科普视频

　　效果展示 　在剪映手机版中除了可以制作横版数字人视频, 还可以制作竖版数字人视频, 竖版视频更适合在手机中观看, 效果展示如图 10-37 所示。

　　制作竖版数字人科普视频的操作方法如下。

步骤 01 　打开剪映手机版, ❶切换至"素材库"→"背景"选项卡; ❷选择背景素材; ❸选中"高清"复选框; ❹点击"添加"按钮, 如图 10-38 所示。

步骤 02 　生成科普文案, 点击"文字"按钮, 如图 10-39 所示。

步骤 03 　在弹出的二级工具栏中点击"智能文案"按钮, 如图 10-40 所示。

图 10-37

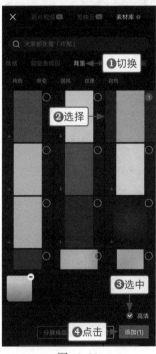

图 10-38　　　　　　　图 10-39　　　　　　　图 10-40

步骤 04 弹出"智能文案"面板，❶输入"云是如何形成的？"；❷点击 ➡ 按钮，如图 10-41 所示。

步骤 05 弹出进度提示，稍等片刻，即可生成文案内容，点击"确认"按钮，如图 10-42 所示。

步骤 06 弹出相应的面板，❶选择"添加数字人"选项；❷点击"添加至轨道"按钮，如图 10-43 所示。

步骤 07 弹出"添加数字人"面板，❶选择"婉婉 - 青春"选项；❷点击 ☑ 按钮，如图 10-44 所示。

步骤 08 稍等片刻，即可成功渲染数字人，调整字幕的样式，点击"批量编辑"按钮，如图 10-45 所示。

步骤 09 ❶选择第 1 段字幕；❷点击 "Aa" 按钮，如图 10-46 所示。

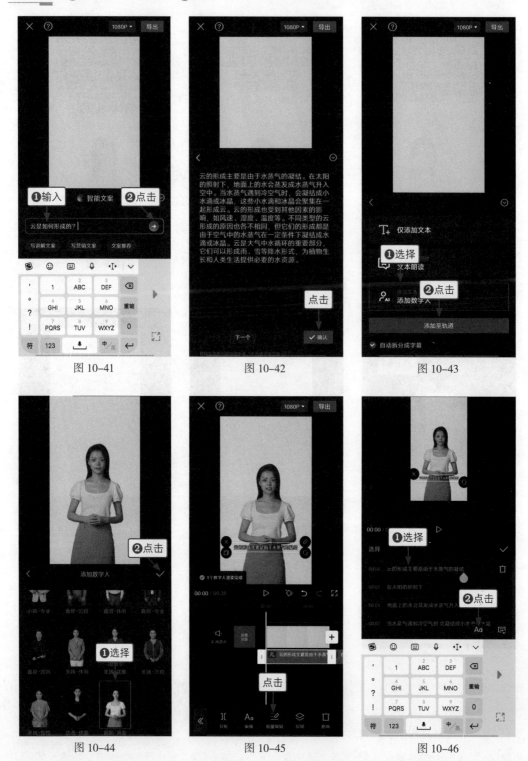

图 10-41   图 10-42   图 10-43

图 10-44   图 10-45   图 10-46

步骤 10 ❶在"样式"选项卡中选择一个样式；❷设置"字号"参数为 23，放大文字，如
图 10-47 所示。

步骤 11 ❶切换至"字体"→"基础"选项卡；❷选择字体；❸点击✔按钮，如图 10-48 所示。

步骤 12 ❶选择数字人素材；❷调整数字人的画面大小和位置，如图 10-49 所示。

图 10-47

图 10-48

图 10-49

步骤 13 调整字幕的位置，使其处于数字人的上方，如图 10-50 所示。

步骤 14 给其他数字人素材添加背景素材，❶选择背景素材；❷点击"复制"按钮，如图 10-51 所示，复制背景素材。

步骤 15 继续点击"复制"按钮，复制背景素材，调整最后一段背景素材的时长，使其末尾位置对齐数字人素材的末尾位置，如图 10-52 所示。

图 10-50

图 10-51

图 10-52

第 11 章 AI 写文案制作口播视频：《智慧人生》

口播视频中的声音大多数都是真人的声音，所以在观看这类视频的时候，观众会更有亲切感。口播视频适合用来分享一些有哲理、有价值的知识类内容，在抖音、快手等短视频平台上传播较广。在制作口播视频时，我们可以使用剪映的 AI 功能写文案，提升视频的制作效率。

11.1 使用剪映手机版制作口播视频

效果展示 在制作口播视频时，首先使用剪映手机版的智能文案功能写文案，然后由真人出镜，拍摄一段口播视频，最后在剪映中进行制作包装，效果展示如图 11-1 所示。

图 11-1

11.1.1 使用智能文案功能写口播文案

用户可以使用剪映手机版中的智能文案功能快速写出自己想要的口播文案。使用智能文案功能写口播文案的操作方法如下。

步骤 01 打开剪映手机版，点击"开始创作"按钮，❶切换至"素材库"→"热门"选项卡；❷选择黑场素材；❸选中"高清"复选框；❹点击"添加"按钮，如图 11-2 所示，添加黑场素材。

步骤 02 点击"文字"按钮，如图 11-3 所示。

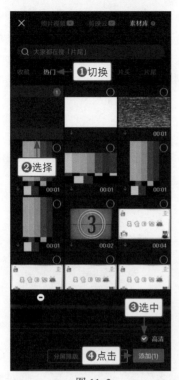

图 11-2   图 11-3

步骤 03 在弹出的二级工具栏中点击"智能文案"按钮，如图 11-4 所示。

步骤 04 弹出"智能文案"面板，❶点击"写讲解文案"按钮；❷输入"写一篇关于智慧人生的哲学文案，简短，180 字"；❸点击 按钮，如图 11-5 所示。

步骤 05 弹出进度提示，稍等片刻，即可生成文案内容，如图 11-6 所示。

图 11-4   图 11-5   图 11-6

11.1.2 在剪映手机版中添加片头背景、音乐和转场

在拍摄完口播视频之后，就可以在剪映手机版中处理视频。在剪映手机版中添加片头背景、音乐和转场的操作方法如下。

步骤 01 打开剪映手机版，点击"开始创作"按钮，❶切换至"照片视频"→"照片"选项卡；❷选择片头背景素材；❸选中"高清"复选框，如图 11-7 所示。

步骤 02 ❶切换至"视频"选项卡；❷选择拍摄好的口播视频；❸点击"添加"按钮，如图 11-8 所示。

步骤 03 在一级工具栏中点击"音频"按钮，如图 11-9 所示。

图 11-7　　　　　　　　　　图 11-8　　　　　　　　　　图 11-9

步骤 04 在弹出的二级工具栏中点击"音乐"按钮，如图 11-10 所示。

步骤 05 进入"音乐"界面，点击搜索栏，如图 11-11 所示。

步骤 06 ❶输入并搜索"纯音乐"；❷点击所选音乐右侧的"使用"按钮，如图 11-12 所示，添加音频素材。

步骤 07 向右拖曳音频素材左侧的白色边框，裁剪其时长，如图 11-13 所示。

步骤 08 调整音频素材的位置，使其起始位置对齐视频的起始位置，❶选择音频素材；❷在音频素材的起始位置点击◇按钮，添加关键帧，如图 11-14 所示。

步骤 09 ❶拖曳时间轴至口播视频的起始位置；❷设置"音量"参数为 51，让音乐音量慢慢降低，如图 11-15 所示。

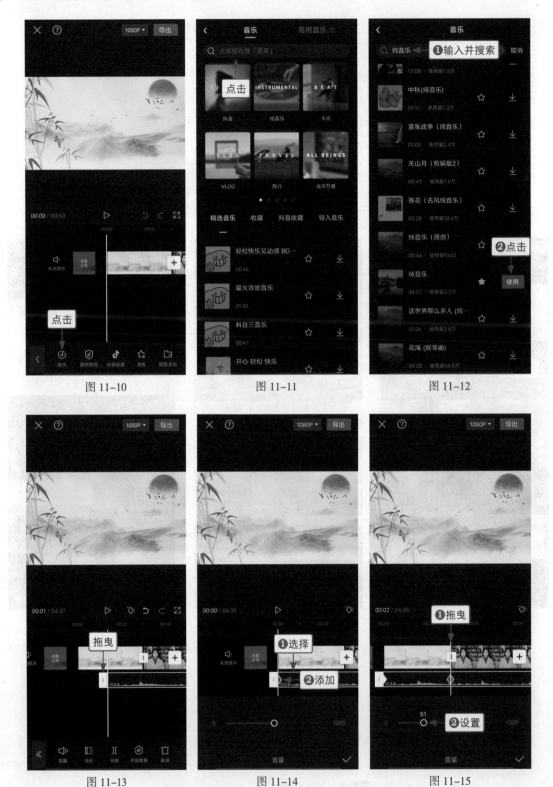

图 11-10   图 11-11   图 11-12

图 11-13   图 11-14   图 11-15

步骤 10 ❶拖曳时间轴至视频 3s 左右的位置；❷设置"音量"参数为 15，让音乐音量继续降低，从而突出口播视频中的人声；❸点击☑按钮，如图 11-16 所示。

步骤 11 ❶在口播视频的末尾位置点击"分割"按钮，分割音频素材；❷点击"删除"按钮，如图 11-17 所示，删除不需要的音频素材。

步骤 12 ❶选择音频素材；❷点击"淡化"按钮，如图 11-18 所示。

图 11-16　　　　　　　　图 11-17　　　　　　　　图 11-18

步骤 13 ❶设置"淡出时长"参数为 0.5s，让音乐结束得更加自然；❷点击✓按钮，如图 11-19 所示。

步骤 14 设置转场，点击片头背景素材与口播视频之间的转场按钮｜，如图 11-20 所示。

步骤 15 ❶在"叠化"选项卡中选择"叠化"转场；❷点击✓按钮，如图 11-21 所示。

图 11-19　　　　　　　　图 11-20　　　　　　　　图 11-21

11.1.3 为口播视频制作水墨风片头

在添加片头背景的时候，已经选择了水墨风的背景，接下来就可以添加文字和特效制作相应的水墨风片头了。为口播视频制作水墨风片头的操作方法如下。

步骤 01 在一级工具栏中点击"贴纸"按钮，如图 11-22 所示。

步骤 02 点击搜索栏，❶输入并搜索"红印"；❷在搜索结果中选择一款贴纸；❸调整贴纸的大小和位置；❹点击"取消"按钮，如图 11-23 所示，点击✅按钮。

步骤 03 给贴纸添加动画，点击"动画"按钮，如图 11-24 所示。

步骤 04 ❶在"入场动画"选项卡中选择"渐显"动画；❷设置动画时长为 1.0s，如图 11-25 所示。

图 11-22

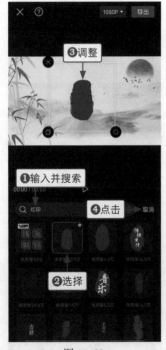

图 11-23

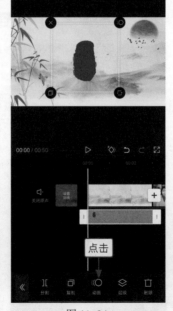

图 11-24

图 11-25

步骤 05 ❶切换至"出场动画"选项卡；❷选择"渐隐"动画；❸点击✅按钮，如图 11-26 所示。

步骤 06 添加片头文字，点击"新建文本"按钮，如图 11-27 所示。

步骤 07 ❶输入"智"；❷在"字体"→"书法"选项卡中选择字体，如图 11-28 所示。

图 11-26

图 11-27

图 11-28

步骤 08　❶切换至"样式"选项卡；❷选择黑色色块，更改文字颜色，如图 11-29 所示。

步骤 09　❶切换至"动画"→"入场"选项卡；❷选择"渐显"动画，如图 11-30 所示。

步骤 10　❶切换至"出场"选项卡；❷选择"溶解"动画；❸点击 ✓ 按钮，给文字设置样式和添加动画，如图 11-31 所示。

图 11-29

图 11-30

图 11-31

步骤 11 点击"复制"按钮，如图 11-32 所示，复制文字。

步骤 12 点击"编辑"按钮，如图 11-33 所示。

图 11-32

图 11-33

步骤 13 ❶更改文字内容；❷点击✔按钮，如图 11-34 所示。

步骤 14 ❶用同样的方法，复制并更改其他文字内容；❷调整 4 个文字的画面位置，如图 11-35 所示。

图 11-34

图 11-35

步骤 15　在一级工具栏中点击"特效"按钮，如图 11-36 所示。

步骤 16　在弹出的二级工具栏中点击"画面特效"按钮，如图 11-37 所示。

步骤 17　❶切换至"自然"选项卡；❷选择"烟雾"特效；❸点击✓按钮，如图 11-38 所示，为片头添加特效，营造氛围感。

图 11-36

图 11-37

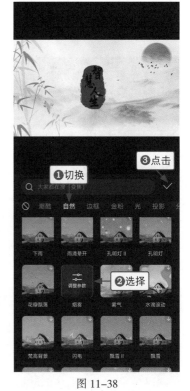
图 11-38

11.1.4　为口播视频添加字幕

要给口播视频添加字幕，可以使用剪映手机版中的识别字幕功能进行快速添加，并进行智能包装，提升视频制作效率。为口播视频添加字幕的操作方法如下。

步骤 01　点击"文字"按钮，如图 11-39 所示。

步骤 02　在弹出的二级工具栏中点击"识别字幕"按钮，如图 11-40 所示。

步骤 03　弹出"识别字幕"面板，❶设置"识别类型"为"仅视频"；❷开启"智能划重点"和"标记无效片段"功能；❸点击"开始匹配"按钮，如图 11-41 所示。

步骤 04　稍等片刻，即可识别出字幕，❶选择第 1 段字幕；❷点击"Aa"按钮，如图 11-42 所示。

步骤 05　在"字体"→"创意"选项卡中选择字体，如图 11-43 所示。

步骤 06　点击✓按钮，然后点击▷按钮，播放预览画面，检查字幕，如图 11-44 所示。

图 11-39　　　　　　　　　　图 11-40　　　　　　　　　　图 11-41

图 11-42　　　　　　　　　　图 11-43　　　　　　　　　　图 11-44

11.2 使用剪映电脑版制作口播视频

效果展示 在制作口播视频的时候，由于视频中的大部分画面是不变的，为了避免枯燥，一般对文案有字数要求，需要精简语言，这样在后期剪辑制作的时候会更加方便和快捷。本节将为大家介绍相应的制作技巧，效果展示如图 11-45 所示。

图 11-45

11.2.1 使用图文成片功能写口播文案

除了使用智能文案功能写口播文案，还可以在剪映电脑版中使用图文成片功能快速写出口播文案。使用图文成片功能写口播文案的操作方法如下。

步骤 01 进入剪映电脑版首页，单击"图文成片"按钮，如图 11-46 所示。

步骤 02 弹出"图文成片"面板，单击"自由编辑文案"按钮，如图 11-47 所示。

图 11-46   图 11-47

步骤 03 单击"智能写文案"按钮，如图 11-48 所示。

步骤 04 默认选中"自定义输入"单选按钮，❶输入"写一篇关于智慧人生的哲学文案，简短，180 字"；❷单击 ➜ 按钮，如图 11-49 所示。

图 11-48 图 11-49

步骤 05 稍等片刻，生成文案结果，如图 11-50 所示，由于本案例的主题不变，接下来将继续使用
剪映手机版生成的文案。

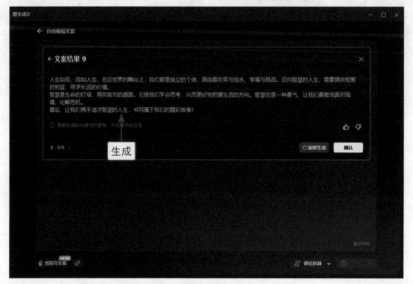

图 11-50

11.2.2　在剪映电脑版中添加片头背景、音乐和转场

在剪映电脑版中添加片头背景、音乐和转场的方法也比较简单，有难度的是对视频进行包装，以突
出视频的主题。在剪映电脑版中添加片头背景、音乐和转场的操作方法如下。

步骤 01 进入剪映电脑版视频编辑界面，在"本地"选项卡中单击"导入"按钮，如图 11-51 所示。

步骤 02 弹出"请选择媒体资源"对话框，❶在相应的文件夹中，按【Ctrl + A】组合键全选所有
素材；❷单击"打开"按钮，如图 11-52 所示，导入素材。

步骤 03 单击片头背景素材右下角的"添加到轨道"按钮➕，如图 11-53 所示，把片头背景素材添
加到视频轨道中。

步骤 04 拖曳时间轴至片头背景素材的末尾位置，单击口播视频右下角的"添加到轨道"按钮➕，
如图 11-54 所示，把口播视频添加到视频轨道中。

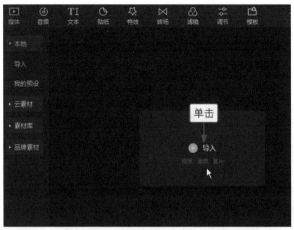

图 11-51

图 11-52

图 11-53

图 11-54

步骤 05 ❶在视频起始位置单击"音频"按钮，进入"音频"功能区；❷在搜索栏中输入并搜索"纯音乐"；❸在搜索结果中单击所选音乐右下角的"添加到轨道"按钮，如图 11-55 所示，添加音频素材。

步骤 06 ❶选择音频素材；❷拖曳时间轴至视频 00:00:01:11 的位置；❸单击"向左裁剪"按钮，如图 11-56 所示，删除多余的音频素材并调整音频素材的轨道位置。

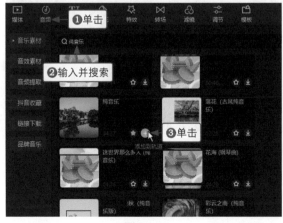

图 11-55

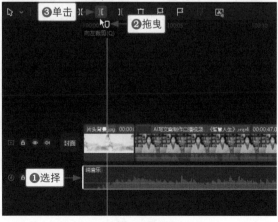

图 11-56

步骤 07 ❶选择音频素材；❷拖曳时间轴至视频的末尾位置；❸单击"向右裁剪"按钮 ，如图 11-57 所示，删除多余的音频素材。

步骤 08 选择音频素材，在"基础"操作区中设置"淡出时长"参数为 0.5s，让音乐结束得更加自然，如图 11-58 所示。

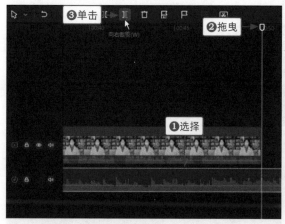

图 11-57

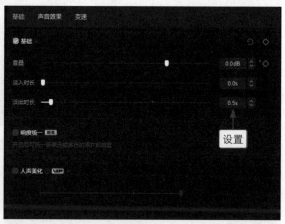

图 11-58

步骤 09 选择音频素材，在音频素材的起始位置单击"添加关键帧"按钮 ，如图 11-59 所示，添加关键帧。

步骤 10 拖曳时间轴至视频 00:00:03:00 的位置，在"基础"操作区中设置"音量"参数为 -11.9dB，让音乐音量慢慢降低，如图 11-60 所示。

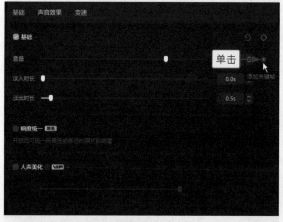

图 11-59

图 11-60

步骤 11 拖曳时间轴至视频 00:00:03:18 的位置，在"基础"操作区中设置"音量"参数为 -23.5dB，让音乐音量继续降低，从而突出口播视频中的人声，如图 11-61 所示。

步骤 12 拖曳时间轴至片头背景素材与口播视频之间的位置，❶单击"转场"按钮，进入"转场"功能区；❷切换至"叠化"选项卡；❸单击"叠化"转场右下角的"添加到轨道"按钮 ，如图 11-62 所示，添加转场，让视频过渡得更自然。

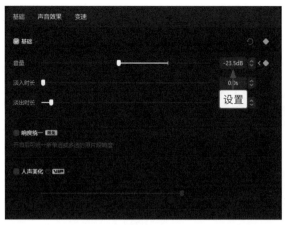

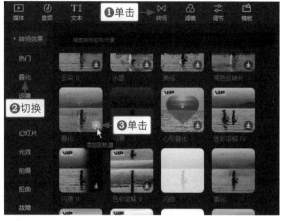

图 11-61　　　　　　　　　　　　　　图 11-62

11.2.3　添加文字、贴纸和特效制作片头

在添加同类文字的时候，可以使用复制粘贴的方法快速添加。为了增加画面的氛围感，可以适当为视频添加贴纸和特效。添加文字、贴纸和特效制作片头的操作方法如下。

步骤 01　❶在视频起始位置单击"贴纸"按钮，进入"贴纸"功能区；❷输入并搜索"印章"；❸单击所选贴纸右下角的"添加到轨道"按钮 ，如图 11-63 所示。

步骤 02　在"播放器"面板中调整贴纸的大小和位置，如图 11-64 所示。

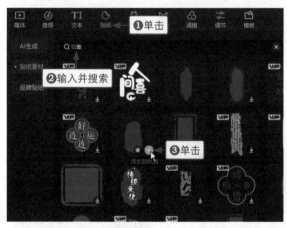

图 11-63　　　　　　　　　　　　　　图 11-64

步骤 03　给贴纸添加动画，❶单击"动画"按钮，进入"动画"操作区；❷在"入场"选项卡中选择"渐显"动画；❸设置"动画时长"参数为 1.0s，如图 11-65 所示。

步骤 04　❶切换至"出场"选项卡；❷选择"渐隐"动画，如图 11-66 所示。

步骤 05　添加片头文字，拖曳时间轴至视频的起始位置，❶单击"文本"按钮，进入"文本"功能区；❷单击"默认文本"右下角的"添加到轨道"按钮 ，如图 11-67 所示。

步骤 06　❶在"文本"操作区中输入"智"；❷选择字体；❸设置文字颜色为黑色，如图 11-68 所示。

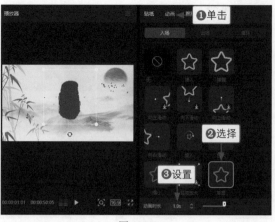

图 11-65

图 11-66

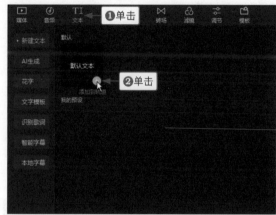

图 11-67

图 11-68

步骤 07 给文字添加动画，❶单击"动画"按钮，进入"动画"操作区；❷在"入场"选项卡中选择"渐显"动画，如图 11-69 所示。

步骤 08 ❶切换至"出场"选项卡；❷选择"溶解"动画，如图 11-70 所示。

图 11-69

图 11-70

步骤 09 快速添加其他文字，在视频起始位置，按【Ctrl + C】组合键复制文字，再按【Ctrl + V】组合键粘贴 3 段文字，如图 11-71 所示。

步骤 10 更改粘贴的 3 段文字的内容，并调整 4 段文字的画面位置，如图 11-72 所示。

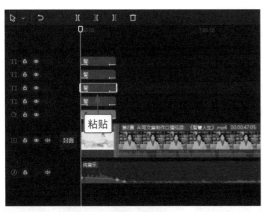

图 11-71

图 11-72

步骤 11 ❶在视频起始位置单击"贴纸"按钮，进入"贴纸"功能区；❷在搜索栏中输入并搜索"鸟"；❸在搜索结果中单击所选贴纸右下角的"添加到轨道"按钮 ，如图 11-73 所示，添加贴纸。

步骤 12 ❶拖曳时间轴至视频 00:00:01:03 的位置；❷单击"向右裁剪"按钮 ，如图 11-74 所示，删除不需要的贴纸片段。

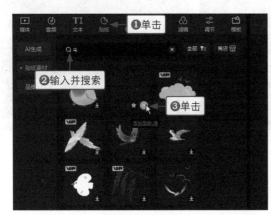

图 11-73

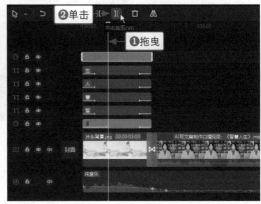

图 11-74

步骤 13 给片头添加特效，拖曳时间轴至视频的起始位置，如图 11-75 所示。

步骤 14 ❶单击"特效"按钮，进入"特效"功能区；❷切换至"自然"选项卡；❸单击"烟雾"特效右下角的"添加到轨道"按钮 ，如图 11-76 所示，添加特效，营造氛围感。

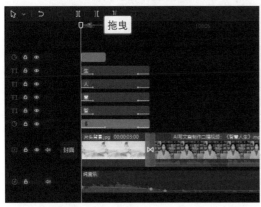

图 11-75

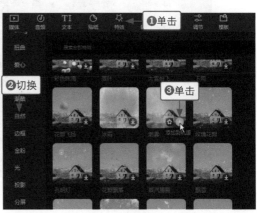

图 11-76

11.2.4　使用文稿匹配功能添加字幕

如果已有口播视频的完整文案，就可以使用剪映电脑版的文稿匹配功能（剪映手机版目前未更新该功能），快速为视频添加字幕。使用文稿匹配功能添加字幕的操作方法如下。

步骤 01　❶单击"文本"按钮，进入"文本"功能区；❷切换至"智能字幕"选项卡；❸在"文稿匹配"选项区中单击"开始匹配"按钮，如图 11-77 所示。

步骤 02　弹出"输入文稿"对话框，❶输入口播视频对应的文案；❷单击"开始匹配"按钮，如图 11-78 所示。

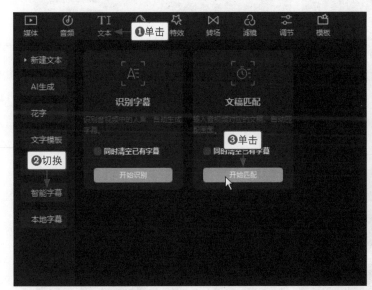

图 11-77

图 11-78

步骤 03　匹配成功之后，在视频轨道上方会自动添加字幕，生成字幕轨道，在"文本"操作区中，❶选择合适的字体；❷设置"字号"参数为 6，略微放大文字，如图 11-79 所示。

图 11-79

步骤 04 ❶选中"背景"复选框，为字幕设置黑色背景；❷单击"导出"按钮，如图 11-80 所示，导出视频。

图 11-80

课后实训：输入提示词写鸡汤文案

如何快速写出一篇几百字的鸡汤文案？在剪映手机版中，使用图文成片功能输入相应的提示词，就可以快速生成鸡汤文案。输入提示词写鸡汤文案的操作方法如下。

步骤 01 打开剪映手机版，进入"剪辑"界面，点击"图文成片"按钮，如图 11-81 所示。

步骤 02 进入"图文成片"界面，选择"励志鸡汤"选项，如图 11-82 所示。

步骤 03 进入"励志鸡汤"界面，❶输入"主题"为"豁达"，"话题"为"乐观面对挫折"；❷设置"视频时长"为"1 分钟左右"；❸点击"生成文案"按钮，如图 11-83 所示。

步骤 04 稍等片刻，即可生成相应的文案结果，点击编辑按钮 ✏，如图 11-84 所示。

步骤 05 ❶长按全选所有文案；❷在弹出的选项栏中点击"复制"按钮，如图 11-85 所示，复制文案之后，即可用文案进行其他创作。

图 11-81

图 11-82

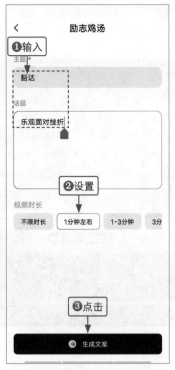

图 11-83

图 11-84

图 11-85